不挨饿快速瘦的减脂餐

[韩] 朴祉禹 著
徐俊 王松 译

中国轻工业出版社

好吃又美味，轻松实现持续减重的瘦身餐

我成功减重22千克，并且保持这一体重8年之久。回首那段艰辛的减肥历程，现在的改变简直就如奇迹一般。作为一个天生的胖子，从小我就尝试了各种减肥方法，但每次都以失败告终，身体也越来越差。直到健康受到严重威胁，我才意识到过往的减重方法是完全错误的。

即使我曾短暂地实现过减重目标，也无法长久地保持苗条身材，因为这些极端的减重方式损害了身体健康。作为一位管不住嘴的胖子，我发现强迫自己吃下那些不合口味的“减脂餐”只会暂时压抑食欲，一旦坚持不下去，就会暴饮暴食，甚至陷入进食障碍。在经历了数次痛苦的减重失败和身体发出严重警告之后，我终于下定决心，采取更为科学和健康的方式来管理体重。

我认为实现健康减重的关键在于制定适合自己的饮食计划。作为一名美食爱好者，我觉得最切合实际的减重方式就是保持健康的饮食。我开始按照个人口味来制作减脂餐，这样不仅能满足口腹之欲，还能怀着轻松的心情慢慢瘦下来。当成功实现减重目

减脂前　减脂后

标时，这种成就又会激励我继续努力。在烹饪和享用美食的过程中，我感到越来越幸福。最终通过这种方式，我成功减重22千克，身体状况也有了明显改善，变得更加健康。

我所倡导并成功践行8年的减重理念是“美味、可持续的健康减重方法”。当下越来越多的人开始重视健康且持久有效的减重方式，不过仍有一部分人认为，减重无非就是“管住嘴、迈开腿”。当然，采取这种方法在短期内确实能瘦不少，但效果往往坚持不了多久。一旦恢复正常饮食或减少运动量，体重反弹几乎是必然的。而且，你真能节食一辈子吗？答案是否定的，因为长期坚持严格的低热量饮食会导致营养失衡，早晚会危及身体健康。

因此，如今的我致力于研发减脂料理，这不仅是为了满足自己维持理想身材的需求，更是为了那些希望通过我的食谱实现健康减重的每个人。

作为一个总想尝试新口味的人，研究料理与食谱就像呼吸一样融入了我的生活。得益于此，我在过去的5年里持续推出了一系列的减脂餐。就如同倡导减重的可持续性一样，我能不断出书并保持创作活力，这背后离不开每年参与“DDMINI①食谱打卡”活动的朋友们的支持。他们分享了通过“DDMINI食谱”成功减重的心得、在烹饪过程中发现的乐趣以及重获健康、找到幸福的故事，这些都极大地激励了我，让我深深地感受到自己所做之事的价值与意义。

① “DDMINI”为作者英文昵称。DDMINI食谱及书中“dd.mini”栏目均为作者制作的美食。——译者注

为了回馈大家长期以来的支持与鼓励，我精心研发了120款全新的减脂料理。这套主打高蛋白、低碳水的菜单美味又健康，希望能为大家的减重事业添砖加瓦。尽管这些菜品专为减重设计，但其口感和营养一点儿不输家常菜肴，既美味可口又营养均衡。对于那些在减重时饱受困扰的朋友们，这套食谱将是你的好帮手，它既能助你轻松控制热量摄入，又能确保每一餐都吃得饱饱的。

这本书贴心设计了适合厨房小白的10分钟快手菜，只需鸡胸肉、豆腐和蔬菜就能轻松做出的色香味俱全的料理等。书中还有为忙碌的上班族提供的常备菜品的保存方法，改良了传统的高热量美食，使其更健康低脂。此外，还有减脂专家指导，教你如何吃外卖不发胖，全方位助力你的减重饮食计划。

最后，衷心希望大家不要像过去的我一样，因为错误的减重方式而损害了健康。切勿急功近利，选择那些对身心有害的速成减重手段。相反，应当采取适合自己的、可持续的健康减重方案。在追求理想体重的过程中，请务必珍爱自己的身体，确保减重成功后能够长久保持理想的体形，远离体重反弹困扰。

总之，“DDMINI食谱”不仅美味可口，还兼顾了减脂需求。我愿意一直陪伴大家走过这段旅程，成为各位一辈子的好朋友与支持者。

朴祉禹（DDMINI）

目录

part 1 鸡胸肉、豆腐、蔬菜变出的超简单料理

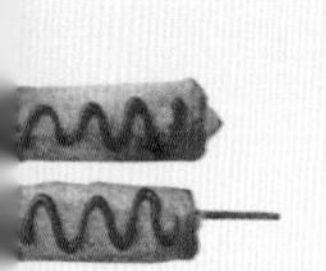

part 2 制作超简单的10分钟快手料理

part 3 味道丰富的拌饭、炒饭

part 4 消除浮肿与减缓长胖的快速消肿食谱

part 5 在家就能做的 改良版减脂美食

part 6 备受好评的高人气 网红料理

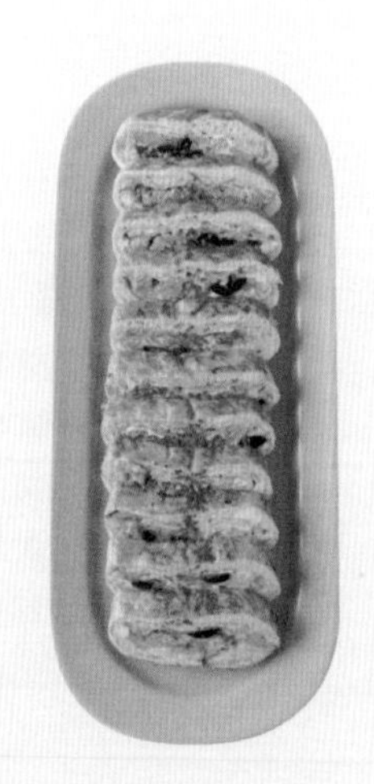

part 7 超级下饭的减脂小菜

part 8 减轻压力的美味甜点、零食

我的称量法

本书中的所有食材用勺子计量时，标记为“勺”，用纸杯计量时，标记为“杯”。使用勺子和纸杯计量时，1勺约15克，1杯约200毫升。

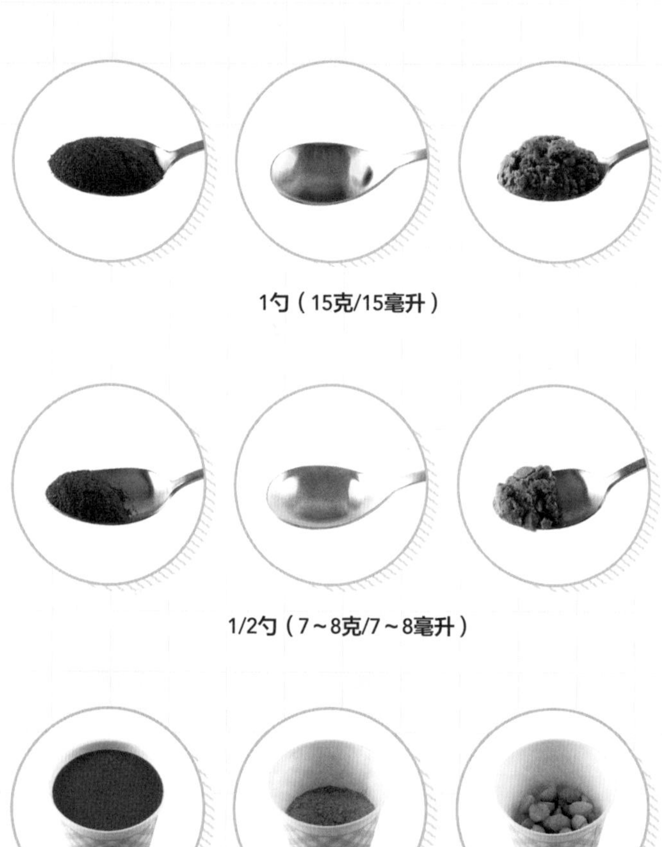

1勺（15克/15毫升）

1/2勺（7～8克/7～8毫升）

1杯（液体/200毫升）　1/2杯（粉末）　1/2杯（坚果）

本书使用方法

书中每道菜都是一顿饭左右的量，食谱包含了简单的烹饪方法、食材用量、常备菜保存方法等各种提示信息。了解每样信息，在做菜时将会很有帮助。

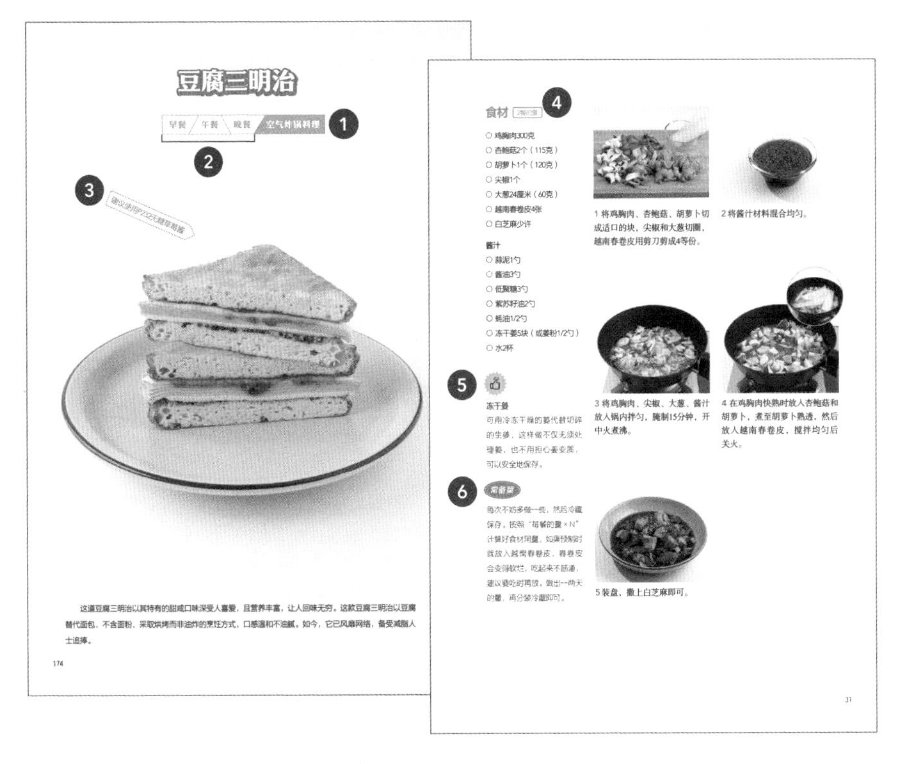

❶ 适用于平底锅/微波炉/空气炸锅等烹饪工具或凉拌等制作方法

❷ 属于早餐/午餐/晚餐/常备菜/零食等

❸ 菜品的相关标签（建议使用的配料等）

❹ 一顿以上的分量

❺ 强烈推荐的食谱小贴士

❻ 相关常备菜品的保存方法

减脂
食材推荐

以下为食谱中经常使用的健康食材，附有每种食材的甄选标准和减脂功效。同时，为了确保食材新鲜，我们将根据不同储存环境提供实用的保存技巧，帮助你成为一名减脂料理达人。

可以大量储藏的冷冻食材

鸡胸肉

鸡胸肉富含蛋白质且脂肪含量低，每100克约含25克蛋白质。因其性价比高、易储存，可大量购买并冷冻保存。熟鸡胸肉的解冻推荐冷藏或室温微波解冻法。冷冻生鸡胸肉需提前移至冷藏室自然解冻或温水浸泡处理。

冷冻虾仁

虾仁富含蛋白质，每100克约含20克蛋白质，且无须处理即可长期保存。作为主料时可选稍大个的虾仁以提升口感。在炒饭或当配菜时，选用小个虾仁更为适宜。因冷冻虾仁的尺寸不一，所以购买时请优先关注重量而非数量，确保食材用量准确合理。

纳豆

每包纳豆（50克）约含7克蛋白质、5克膳食纤维及有益菌。冷藏保存的纳豆若过期，易发酵过度产生苦味，故鲜纳豆与冷冻纳豆均建议购买之后冷冻保存，食用前一两天冷藏解冻，或用微波炉加热10～15秒，以防止长时间加热有益菌被破坏。纳豆适合制作冷餐或搭配蛋类、蟹肉棒、豆腐等食材食用，可以有效补充蛋白质。

全麦面包

全麦面包精选复合碳水化合物，如全麦、糙米等富含膳食纤维的食材，相较于白面包，更易产生饱腹感。100%全麦、黑麦或有机小麦面包建议购买后冷冻储存，确保不霉变且长久保鲜。为避免冷冻时面包相互粘连，可采取以下两种方法：一是用保鲜膜隔开面包片，二是将面包分成小份后独立密封再冷冻。

冷冻有机蔬菜

在减重过程中，蔬菜是必不可少的，但很难确保每顿饭都能摄入新鲜蔬菜，而且蔬菜处理起来也很麻烦。为此，可考虑选用冷冻蔬菜，通过微波炉速热或炒制等烹饪方式制作。特别是玉米、大豆这类常见食材，建议优先选购有机产品。

蒜泥

在低盐减脂餐的制作中，蒜泥是不可或缺的，因为它具有独特的提鲜作用。将蒜切末、捣碎，能释放出浓郁的香气，有利于提高大蒜素的吸收率。但手动捣蒜费时费力，可选用市售的现成蒜泥，简化备料流程，缩短烹饪时间。推荐购买预先分装成小份，冷冻的蒜泥制品。

需要冷藏保鲜的食材

豆腐丝

每100克豆腐丝含有约45克蛋白质，并且碳水化合物含量较低，是优质植物蛋白质的来源。冷藏保存的豆腐丝在食用前简单冲洗即可，可用来制作各式面点、炒菜、炖汤等，亦可作为三明治或紫菜包饭的馅料。此外，还能用空气炸锅烘烤成美味酥脆的小点心。选择豆腐丝而非肉类作为蛋白质来源，有助于实现植物性饮食的均衡。

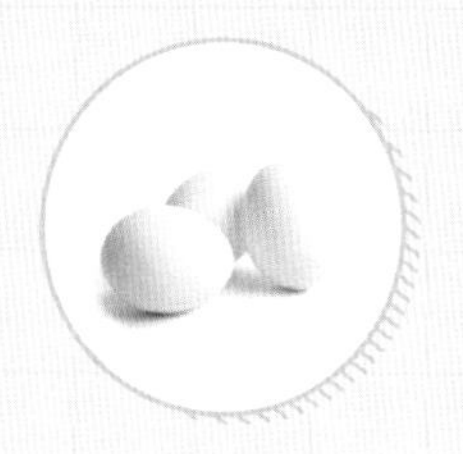

鸡蛋

每个鸡蛋含有约13克蛋白质，蛋黄中含有对身体有益的胆固醇。如果没有可用的食材，只用鸡蛋来做菜也是不错的选择。鸡蛋饱腹感强，是减脂餐中不可或缺的食材之一。

鹰嘴豆面

鹰嘴豆面是在魔芋面中添加鹰嘴豆粉所制成的食材，没有传统魔芋面的气味。无须预先焯水或冲洗，只需简单沥干水分即可食用。适合想吃面食又希望减少碳水化合物摄入的人群。

海藻面（裙带菜面、海带面）

裙带菜、海带等海藻类制成的低热量、免煮面条很适合用来制作酸甜的冷餐，但不太适合做热菜，因为在烹饪过程中容易散发出海藻特有的腥味。

紫菜

紫菜作为富含膳食纤维和矿物质的低热量食材，常被用于制作紫菜包饭、拌饭等减脂料理。相较于普通紫菜，有机紫菜不仅口感更鲜美，质地也更厚实。需要注意，紫菜吸湿性强，开封后需妥善密封并冷藏存储以保证口感。

圆白菜

圆白菜价格便宜、饱腹感强、营养丰富。在冷藏保存时，可将圆白菜切成4等份，并在菜心部位放上浸水的厨房纸巾，有助于延长保鲜期。

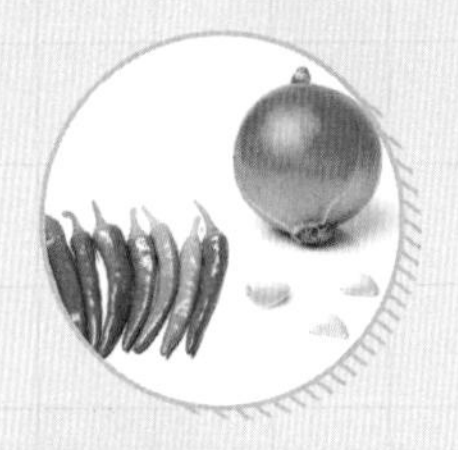

提味蔬菜（洋葱、大蒜、尖椒）

在减少菜品盐分的同时，可以借助洋葱、大蒜、尖椒等蔬菜来增添辣味与鲜香味，从而迅速提升菜肴口感。洋葱去皮和根部后无须水洗，将切面的水分轻轻擦干，然后密封冷藏，便能有效延长其保鲜期。可将大蒜置于装有白糖的玻璃容器中，并用厨房纸巾吸去多余水分，密封好，这样有助于保持大蒜的干燥和新鲜。

适合室温下在干燥阴凉处保存的食材

金枪鱼罐头

每100克金枪鱼罐头含有约25克蛋白质，可以在室温下储存。在制作料理时，为了减少脂肪的摄入，可将金枪鱼沥油并用热水冲洗，去除多余油脂后再制作。

燕麦片

燕麦经干燥、挤压，制成燕麦片，低糖，是优质的复合碳水化合物来源。燕麦片不仅富含蛋白质和膳食纤维，还含有钾元素，有助于体内钠的代谢。我个人偏爱两种口感的燕麦片：小颗粒的速溶燕麦片以及有嚼劲的大块燕麦片。在日常饮食中，可以将燕麦片与少量水混合后用微波炉加热，代替米饭等主食。燕麦片还能用于制作粥、燕麦煎饼、面包和饼干等。

木斯里

木斯里混合了多种谷物、坚果、种子和干果，烹饪时即使不额外添加甜味剂，也能品尝到食材本身的甜味，可搭配牛奶或酸奶作为代餐饮品，也可用于制作面包或能量棒等。木斯里在密封良好的情况下可在室温下存放，但一旦包装有缝隙，就容易受潮和生虫，因此建议开封后冷藏保存。

全麦饼干

全麦饼干富含膳食纤维和蛋白质，是优质的碳水化合物来源。为了保持全麦饼干酥脆的口感，建议在室温下密封保存。若需长期储存，则可将其放入冷冻室内。平时吃的时候可以将其浸泡在牛奶或燕麦奶中，有类似黑麦面包的独特风味和口感。

蛋白粉

蛋白粉常作为运动后补充蛋白质的营养品，若用于减脂餐，可以起到补充蛋白质的作用。同时，因其中的代糖成分可提供甜味，因此在制作料理时无须额外添加糖。蛋白粉可以加入酸奶或少量牛奶制成酱料，也可搭配鸡蛋及坚果来烤制面包。注意蛋白粉要在室温下密封保存。

越南春卷皮

越南春卷皮有很多种做法，加热的越南春卷皮会像年糕或宽粉一样富有嚼劲。将食材卷入其中，再用空气炸锅烤制，越南春卷皮会起到炸衣的作用。由于越南春卷皮碳水化合物含量较多，在减重期间，每餐的摄入量最好控制在3～5张。

让食物更可口的调料、酱料

番茄酱

只需一勺就能让食物的味道变得更加鲜美。个人推荐婴儿用或有机番茄酱，尽管价格稍高，但添加剂较少。在未开封的状态下，可将其置于室温环境中妥善保存。开封后则需要放入冰箱。为避免番茄酱发霉变质，最好使用硅胶冰格将其分装成小块，冷冻保存。

罗勒酱

罗勒酱常用于涂抹三明治或加入意大利面和汤菜中，只需一勺，便能使原本平淡的食物瞬间焕发出鲜美的味道。开封后请放入冰箱冷藏室保存。若想保存时间更长，建议使用硅胶冰格将其分装成小块，冷冻保存。

是拉差辣酱

是拉差辣酱以其独特的辣味而闻名。尽管它标注为零热量调料，但实际上仍包含少量的食品防腐剂和糖分。根据相关标准，每5克产品热量若不超过5千卡，即可标注为零热量产品。建议每顿用量控制在1勺以内。未开封时室温下保存即可，开封后需冷藏保存。

辣椒粉

只需在清淡的菜肴中撒上一点儿辣椒粉，便能迅速为食物增添诱人的辣味，因此备受喜爱。其中的辣椒素成分不仅能有效提高新陈代谢，促进脂肪燃烧，还有助于消化。由于辣椒粉对温度和湿度较为敏感，建议在密封状态下冷冻保存。

紫苏粉

紫苏粉富含多种维生素以及钙、铁元素，香味浓郁。在制作奶油意式焗饭或汤时适量加入紫苏粉，可提升菜品的浓稠度，增强饱腹感。为了防止营养素被破坏，在需要加热的料理中，请务必在烹饪结束后再添加紫苏粉。建议平时将紫苏粉密封后冷冻保存。

低卡糖浆

低卡糖浆是从植物中提取的稀有甜味成分，其甜度约为普通糖的70%，热量大约是普通糖的1/10，口味选择很多，可在制作甜品或饮料时代替普通糖使用。但请注意不要过量使用，在食用时适量添加即可。建议在室温条件下密封保存。

低聚糖

低聚糖属于代糖甜味剂，分为低聚异麦芽糖和低聚果糖两种。低聚异麦芽糖是由玉米、大米等淀粉原料加工而成，甜味浓郁。低聚果糖提取自蔬菜、水果中的天然物质，富含膳食纤维，有助于钙的吸收。低聚果糖是培养益生菌（乳酸菌）的营养成分之一，因此在制作料理时，建议搭配含有乳酸菌的酸奶产品以提升健康功效。需要注意的是，低聚果糖用70℃以上的温度长时间加热，其甜度可能会有所下降，故制作热菜时，不妨选用更耐热的低聚异麦芽糖。

全素蛋黄酱

全素蛋黄酱以大豆、燕麦等谷物为原料，相较于传统蛋黄酱，其胆固醇和脂肪含量大大降低，同时富含膳食纤维和蛋白质，适合在减重期间食用，更健康、无负担。除了市面上销售的成品外，也可用豆腐自制全素蛋黄酱。储存时务必将其密封冷藏，确保产品的新鲜度与品质。

自制全素蛋黄酱

食材：豆腐1/2块（150克），橄榄油3勺，柠檬汁2勺，芦荟1/2勺，腰果10克，燕麦奶5勺，盐少许。

将所有食材放入搅拌机，搅拌均匀后冷藏储存，建议在一周内食用完。

低糖辣椒酱

普通辣椒酱中含有较多的盐和糖，因此对于想要减脂的人来说，最好少吃或干脆不吃。相比之下，低糖辣椒酱是在优质辣椒粉中加入了低聚糖，同时用豆酱粉取代糯米粉或面粉，以降低糖分和热量负担。请在开封后冷藏保存。

大酱

大酱作为一种由大豆发酵而成的调味品，虽然富含对健康有益的营养成分，但由于其钠含量较高，减脂期间要少吃。可以选择市面上销售的低盐大酱产品，或者参照P214的食谱自制低盐大酱，注意要冷藏保存。

全谷物芥末酱

全谷物芥末酱采用了研磨不充分的芥末籽，保留了籽粒独特的爆裂口感和浓郁辣香。可与烤肉、沙拉、三明治以及鸡胸肉等各类食材搭配，也可以与橄榄油混合制成美味的调味汁。使用后注意要冷藏保存。

紫苏籽油

紫苏籽油含有比三文鱼、青花鱼更优质的植物性ω-3脂肪酸，营养价值颇高，但是容易变质，因此购买时建议选择小包装的紫苏籽油，并冷藏保存，确保在一个月内吃完。在烹饪热菜时，建议出锅时再加紫苏籽油，以防止营养成分被高温破坏。

三明治的包装方法

- 使用33厘米见方的正方形食品级牛皮纸。这种规格也适合打包大份三明治。
- 注意：一面有黏性的食品级牛皮纸包装起来更好操作。

1 将牛皮纸铺平，把准备好的三明治材料按顺序层叠在纸上，最后盖上面包片。

在此过程中，需将三明治旋转90度，用拇指按住已折叠的部位，用另一边的纸覆盖粘贴，这样包装会更牢固。

2 用一只手轻轻按住顶部的面包片以保持稳定，将牛皮纸沿着三明治两侧向中心折叠，使纸充分盖住面包，然后用胶带固定。

3 将上方多余的纸像包礼物那样折叠两三次，并用胶带固定。

4 用同样的方法包装另一边，折叠好后也用胶带固定，确保整个三明治被妥善包裹且形状规整。

建议使用面包刀，这样比较省力，若使用普通刀具，建议慢慢切开。

5 最后，确定好切割方向，将贴有胶带的一面朝下放置，用刀切开。

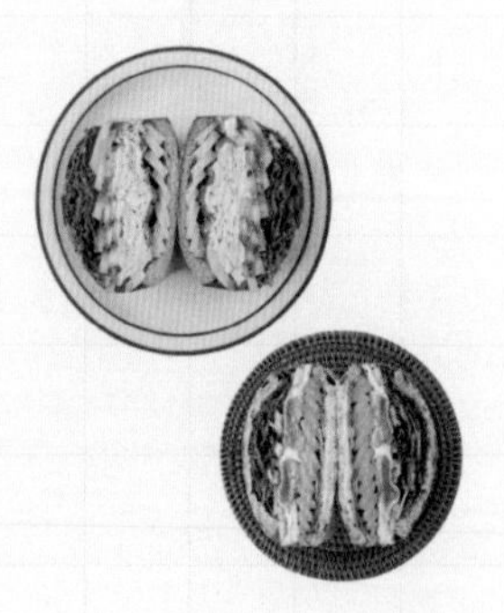

紫菜包饭的做法

✓ 紫菜如果太薄，新手操作时很容易撑破，建议使用厚实、孔少的有机紫菜。

将长边竖着放，这样更容易卷起。

1 将紫菜粗糙的一面朝上铺开，在这一面放上食材。

可适当减少米饭的量，加入横切的奶酪片或放凉的鸡蛋丝。

2 在紫菜上部预留20%~30%的空间，其余部分均匀地铺上薄薄一层杂粮饭。

在卷的过程中，不仅是中间，两边也要放上适量食材，使得整个紫菜卷都有足够的厚度且分布均匀。

3 按照“可以阻隔水分的菜叶”“一整块、一大块食材”“切丝或撕成薄片的食材”的顺序依次摆放食材。

4 用菜叶将馅料裹住，再用力把包饭卷起来。

在切分前，记得在紫菜包饭的外皮和刀刃上涂抹少量紫苏籽油，慢慢地切开，这样紫菜包饭就不会散开了。

5 将紫菜卷的接口朝下放置，并利用馅料中的少许水分帮助固定接口处。

外卖和便利店里的减脂菜单

即使选择外卖作为一餐，也要精心挑选健康的食物，这样既能享受美食，又能保持健康。在选择主食时，优先选择富含蛋白质的食物。遵循以下的减脂饮食秘诀，不仅能够享受美味，更能保持稳定的减脂效果。最重要的是，可以和你爱的人共享这些健康的美食，共同创造积极向上的快乐时光！

比萨

为降低碳水化合物的摄入，推荐选择薄底比萨。若买了普通比萨，尽量不吃饼底部分。馅料应以鸡胸肉、虾等富含蛋白质的食物为主，而非红薯、土豆等高碳水食材。搭配蘸料时，尽量避开蛋黄酱，若觉得油腻可以搭配辣酱。由于比萨本身膳食纤维含量较低，建议搭配一份蔬菜沙拉，且在制作沙拉时尽量不添加调料，或只加少量的意大利香醋等调味汁。

替代食谱 升级版意式烘蛋派（P72）/比萨风味拌饭（P77）/奶油南瓜鸡（P102）

炸鸡

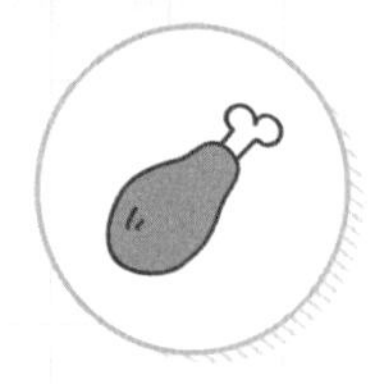

不要选择太咸的腌制鸡肉，最好是用健康油脂油炸或烤箱烘烤而成的。若想搭配调料，可以点原味炸鸡，并要求店家将调料单独打包，这样在食用时可以自行控制调料的添加量，从而减少盐的摄入。另外，如果担心膳食纤维摄入不足，建议搭配蔬菜食用。

麻辣烫、麻辣香锅

为减少碳水化合物的摄入，应避免宽粉、土豆粉和年糕等高热量的食物。建议选择100～150克肉和豆腐干作为主料，再搭配一些青菜和蘑菇。相较于用油炒的麻辣香锅，我更推荐麻辣烫，尽量少喝汤。我个人很喜欢麻辣烫，一般我会把食材先焯一下水，然后配上酸辣的酱汁。如果想尝试其他口味的酱汁，要确保调味料不要太咸，这样就符合减脂餐的标准了。

替代食谱 麻辣纳豆拌饭（P76）/麻辣拌面（P132）

黄焖鸡

建议选择脂肪少的鸡胸肉，分量要控制，最好少加粉条。与米饭一同食用时，要减少土豆等高碳水食材的摄入。

替代食谱 减脂炖鸡（P30）

冷面

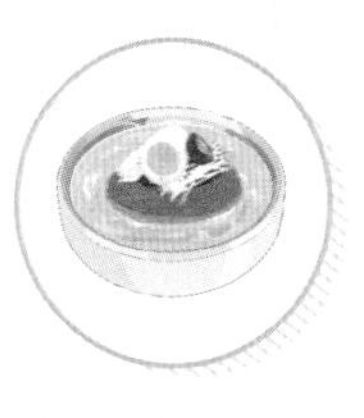

拌冷面时，酱汁要单独放。冷面本身的蛋白质含量较低，建议搭配2个鸡蛋和半根黄瓜。在食用时，可以适当减少面条的量，去掉1/3~1/2就好，然后将切好的黄瓜加入面条中，加入半份冷面汤和半份拌面酱调味。为了保证营养均衡及饱腹感，可先吃鸡蛋，然后再品尝冷面。剩余未吃完的冷面、酱汁和汤水务必放入冰箱中冷藏保存。

替代食谱 超简单鸡肉冷面（P55）/圆白菜辣白菜汤面（P64）/减脂拌冷面（P98）

汉堡

汉堡里的碳水化合物、蛋白质和脂肪比例相对均衡，减重期间偶尔吃一次也不会有太大的负担。建议去掉一片面包，选用烤制的肉饼代替油炸肉饼，生菜上的蛋黄酱也要适量。

替代食谱 罗勒番茄希腊贝果（P134）/玉米酸奶三明治（P176）/蟹肉炒蛋三明治（P178）

猪蹄、菜包肉

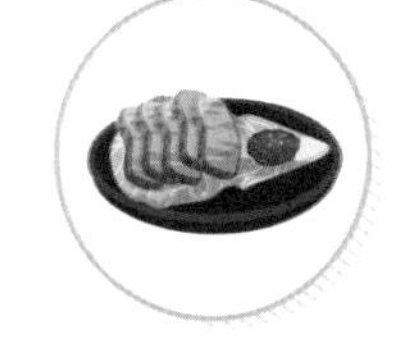

虽然在减脂期间也可以稍微品尝，但一定要避免吃多，建议搭配适量蔬菜。套餐里的可乐，建议用苏打水或自制康普茶（P234）代替。

炒年糕

年糕的主要成分就是碳水化合物，而且炒年糕的味道十分浓烈，又辣、又咸、又甜，可以说最不利于减脂。要是偶尔嘴馋，建议控制摄入量，约手掌大小的一盘即可，或者用鱼饼炒年糕（食材以鱼饼为主）替代。

替代食谱 番茄辣椒酱拌饭（P82）/香肠年糕串（P156）/玫瑰炒鸡（P168）

如何在便利店选择减脂餐

需要在便利店解决一餐时，只要选对食物，仍可实现减脂目标。

- 碳水化合物：香蕉、苹果、燕麦片、杯面。
- 蛋白质：在鸡胸肉、熏蛋、半熟蛋、蟹肉棒、鸡胸肉肠、嫩豆腐等多种食物中，建议比较一下营养成分，避开脂肪含量高的产品。
- 脂肪：低脂奶酪（蛋白质含量很高）、杏仁（原味烤杏仁）。
- 紫菜包饭类：建议去掉部分米饭。
- 三明治：建议去掉一块面包，馅料里不要有蛋黄酱，最好有蔬菜，还可以搭配蔬菜沙拉一块吃。

网友的 健康减脂历程分享

越来越多的网友与我一起制作减脂餐并记录打卡，他们分享了自己成功减重、重获健康的故事。之所以能收获如此多的成功案例，关键在于这套减脂食谱设计得既美味又易于坚持，让减肥变得不再痛苦。

现在也请与我们一起健康减重吧！

点点

我尝试过很多极端减肥法，结果疾病缠身，还胖了整整30千克。幸运的是，我遇见了“DDMINI食谱”，做了几次后，我发现减脂餐也能既好吃又饱腹，就这样坚持了一年，成功从86千克减到68千克，减掉了18千克。与此同时，我也培养了健康的习惯，原本的那些坏习惯消失了，身心也越来越健康。可以说，“DDMINI食谱”就是我人生的转折点！

DDMINI食谱的3大优点：

→ ❶ 好吃美味 ❷ 菜品丰富 ❸ 令身心舒畅

我的4个变化：

→ ❶ 培养了健康的习惯 ❷ 心态变得积极，自尊心提升 ❸ 不再偏食 ❹ 收获幸福的用餐时光

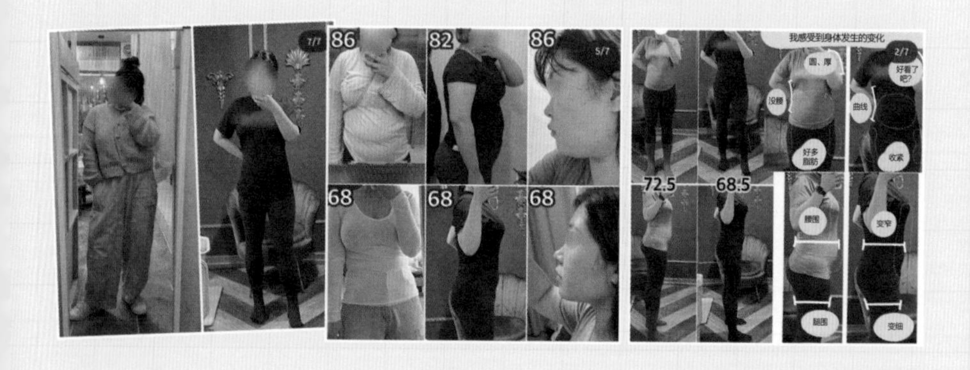

李子

多亏了祉禹姐姐的料理帮我摆脱了饮食强迫症和暴饮暴食。虽然曾经通过节食减了30千克，但我又因为暴饮暴食出现了体重反弹、闭经、月经不调等问题，每天都在埋怨爱吃的自己，就这样度过了1年。后来我遇到了祉禹姐姐的食谱，开始调节饮食，终于可以像普通人一样吃饭了。现在的我每天都会自己做一顿饭，情绪变得开朗，自尊心也渐渐恢复。尽管偶尔会暴饮暴食，或是忧郁不安，但是没关系，这都是正常的，因为我相信祉禹姐姐的食谱，相信我自己。

美顺

“DDMINI食谱”就像减肥路上的沙漠绿洲！简单易行，美味可口，哪怕享受了一顿美餐，也不会影响后续的减肥成果。食谱简单，制作起来也很方便。自从用了这个食谱后，体重减轻了，腰部线条变得清晰，背部的赘肉消失了，小腿也发生了变化。坚持食谱和运动双管齐下，我逐渐习惯了“运动、做便当、上班、做料理”的生活方式，充实地度过了每一天，这种自豪感真的无法用语言来表达。能够和祉禹姐姐以及大家一起沟通和分享减重经验，感受到大家的正能量，对我来说是无比珍贵的经历。

吉安

使用“DDMINI食谱”后，我在2个月内成功减了1.7千克，其中脂肪减少了1.6千克，效果让人满意极了。简单的烹饪方法和快手料理是最吸引我的地方，而且味道常常会让我大吃一惊。不仅自己吃到了平时不会去吃的蔬菜，就连讨厌胡萝卜的丈夫现在也吃得津津有味，真的很神奇。“DDMINI食谱”给我带来了从未有过的美味盛宴，可以说它现在已经成为我生活的一部分。

朱朱

在过去的2个月里，我坚持使用“DDMINI食谱”，虽然每周会喝一两次酒，但现在已经成功减了两三千克，同时养成了健康的饮食习惯。在这短短的时间里，我的内心发生了积极的变化！

- ✓ 肠胃感觉更舒服了，浮肿也好多了。不知从何时起，身体变得更轻盈了，真的很神奇。
- ✓ 菜品味道很好，我经常制作并享用。这些食物不仅美味健康，还让我感到开心和幸福！
- ✓ 冰箱里的食材都能用到，而且一个食材往往可以制作多种料理，非常适合独居的人。
- ✓ 菜品特别丰富，再也不需要苦恼吃什么了，冰箱有啥我做啥。
- ✓ 外卖和在外就餐的费用减少了很多！
- ✓ 多亏了网友之间的相互鼓励，我才能一直坚持下去。

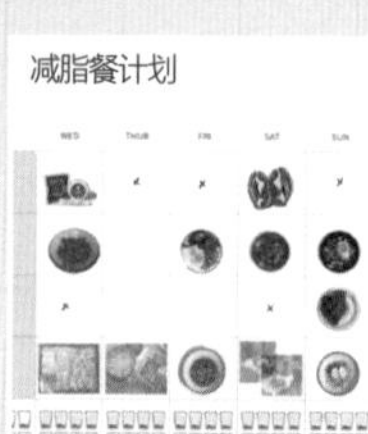

樱桃

虽然我通过极端的饮食控制和运动减掉了10千克，但也出现了闭经、头痛、脱发、胃痉挛等问题，现在简单地谈一下减脂无压力的“DDMINI食谱”的使用感受，我对它满意极了！

❶ 菜品丰富，面包、米饭、年糕、甜点应有尽有，韩餐、西餐、日餐、墨西哥餐、东南亚餐尽可品尝。

❷ 既好吃又饱腹，称得上毫无压力的食谱。

❸ 爱上了以前讨厌的蔬菜等食材（比如胡萝卜、大葱、圆白菜、茄子等），简直是奇迹！

❹ 让料理变得有趣起来，料理+摆盘+拍照实力上升！

❺ 强烈推荐给减重困难的朋友们，来一场无压力的幸福减重之旅吧。

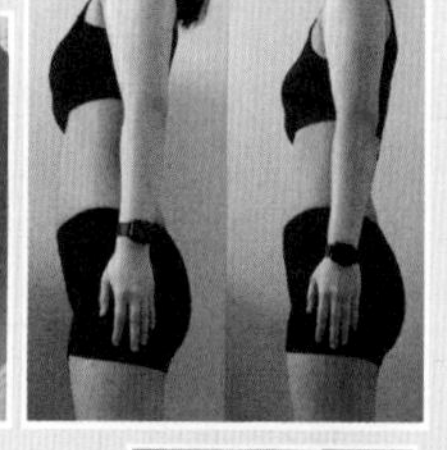

亲自尝试后个人推荐的必需食材：

- 蛋白质：鸡胸肉、虾、鸡蛋、熏鸭
- 蔬菜：洋葱、圆白菜、尖椒、苏子叶
- 酱料：番茄酱、是拉差辣酱（+全素蛋黄酱）、蒜泥

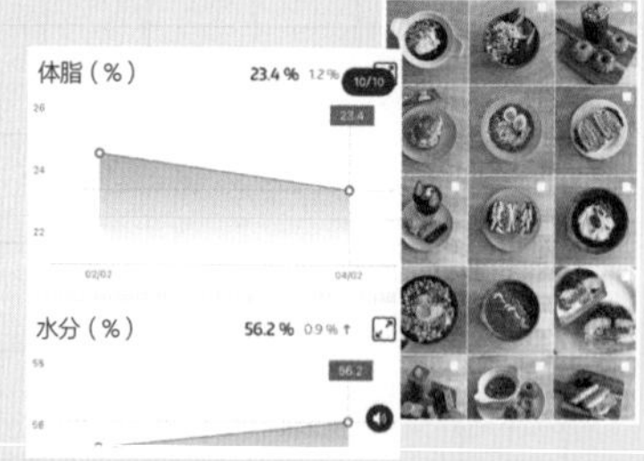

美代

在使用“DDMINI食谱”的过程中，我渐渐明白了该怎样去好好生活，那就是每天至少要自己做一顿饭，学会倾听自己内心的声音，这几年受伤的身心和不健康的生活方式开始慢慢回归正轨。

❶ 心理变得健康

在情绪陷入低谷、分外难熬的那段日子里，这本食谱的出现或许是份礼物，我就是抱着这个想法开始尝试，也渐渐意识到自己才是生活的中心，心中涌起了欣慰和幸福。

❷ 身体恢复正常

月经和排便都恢复正常，腹肌也回来了，此外蔬菜摄取量增加了，皮肤也变好了，即使喝酒、吃夜宵还是变瘦了。

❸ 发现新味道

爱上了自己原先不喜欢的食材，特别是迷上了纳豆、香菜、甜菜、豆豉的味道。

❹ 改善强迫症

在过去的减肥经历中，我曾经强迫自己避开禁食的食物，进行极端的节食和过度运动，结果却导致了体重反弹和生理周期的中断。现在我明白了如何调节饮食，不再过分压抑自己的食欲，而是更加注重平衡和健康地饮食。

❺ 节约伙食费

不再选择外食和外卖，自己动手做菜后，伙食费降了一半！买菜的时候可以一次买至少2~5种常用的食材。

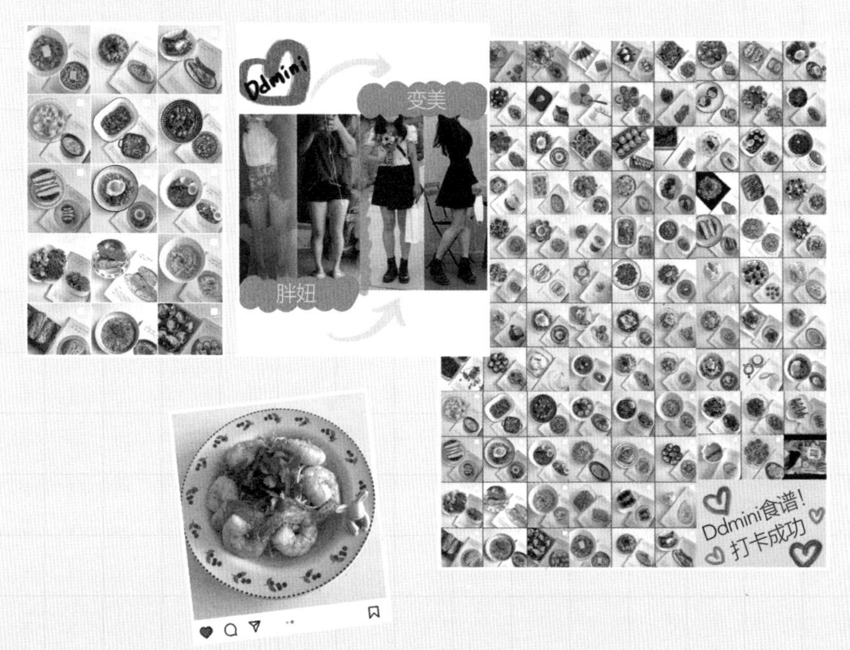

part 1

鸡胸肉、豆腐、蔬菜变出的超简单料理

专为厨房小白及懒人独家打造的简单又美味的食谱，只需利用冰箱中常见的减脂食材——鸡胸肉、豆腐和蔬菜，再搭配上酱油、辣酱和酸甜酱汁等，即可轻松完成一道减脂美食。这套不论谁都能轻松上手的食谱，你只需尝试一天，就能明显感觉到其消肿瘦身的功效。

嫩豆腐鸡蛋盖饭

早餐 / 午餐 \ 晚餐

仅从名字就足以让人联想到其细腻柔滑的口感。这道菜品巧妙地将植物蛋白质（嫩豆腐）与动物蛋白质（鸡蛋）相结合，两者仿佛天生一对，共同打造出一道美味无比的佳肴。其中丰富的蛋白质使得米饭即使少一些，也能轻松带来饱腹感，让你在享受美食的同时，又能保持愉悦的心情。

食材

- ○ 杂粮饭100克
- ○ 嫩豆腐1包（400克）
- ○ 鸡蛋2个
- ○ 洋葱1/4个（65克）
- ○ 大葱23厘米（25克）
- ○ 白芝麻少许

酱汁

- ○ 辣椒面1/2勺
- ○ 酱油1勺
- ○ 低聚糖1勺
- ○ 蚝油1/2勺
- ○ 水1/2杯

1 洋葱切丝，大葱切圈，嫩豆腐切成两半。

2 将鸡蛋液搅匀。将酱汁材料充分搅匀。

3 往锅里放入酱汁、洋葱、嫩豆腐，大火煮开，用饭勺将嫩豆腐切成大块。

4 洋葱煮至半透明后倒入鸡蛋液，撒上大葱后盖上锅盖，中火慢炖至食材熟透，关火。

5 在杂粮饭上盖上嫩豆腐鸡蛋，撒上白芝麻即可。

减脂炖鸡

早餐 / 午餐 \ 晚餐 / 常备菜

为了让大家在减重期间也能无压力地享受美食，我研发了这道清甜微咸的炖鸡，并且搭配了大量的新鲜蔬菜。

在这道炖鸡中，我用越南春卷皮替代了宽粉条，不仅降低了热量，还保留了筋道的口感。请相信我的食谱的专业性，味道绝对不打折。作为常备菜的话可以多做一点儿哦。

食材 2餐的量

- ○ 鸡胸肉300克
- ○ 杏鲍菇2个（115克）
- ○ 胡萝卜1个（120克）
- ○ 尖椒1个
- ○ 大葱24厘米（60克）
- ○ 越南春卷皮4张
- ○ 白芝麻少许

酱汁

- ○ 蒜泥1勺
- ○ 酱油3勺
- ○ 低聚糖3勺
- ○ 紫苏籽油2勺
- ○ 蚝油1/2勺
- ○ 冻干姜5块（或姜粉1/2勺）
- ○ 水2杯

冻干姜

可用冷冻干燥的姜代替切碎的生姜，这样做不仅无须处理姜，也不用担心姜变质，可以安全地保存。

常备菜

每次不妨多做一些，然后冷藏保存。按照“每餐的量×N”计算好食材用量。如果预制时就放入越南春卷皮，春卷皮会变得软烂，吃起来不筋道，建议要吃时再放。做出一两天的量，再分装冷藏即可。

1 将鸡胸肉、杏鲍菇、胡萝卜切成适口的块，尖椒和大葱切圈，越南春卷皮用剪刀剪成4等份。

2 将酱汁材料混合均匀。

3 将鸡胸肉、尖椒、大葱、酱汁放入锅内拌匀，腌制15分钟，开中火煮沸。

4 在鸡胸肉快熟时放入杏鲍菇和胡萝卜，煮至胡萝卜熟透，然后放入越南春卷皮，搅拌均匀后关火。

5 装盘，撒上白芝麻即可。

黄瓜紫菜拌饭

早餐 / 午餐 \ 晚餐 凉拌

黄瓜紫菜拌饭，尝过便让人回味无穷，口碑极佳且深受减脂人喜爱。这是我在深夜饥饿时闪现的灵感：黄瓜配上紫菜，再加入杂粮饭或魔芋面拌匀，口感鲜美无比。这款拌饭获得了广大网友的一致好评，味道和饱腹感都超乎想象，强烈建议大家亲自尝试制作这款简单又美味的黄瓜紫菜拌饭。

食材

- ○ 杂粮饭100克
- ○黄瓜1个（150克或尖椒4个）
- ○ 尖椒1个
- ○ 熟鸡胸肉1包（100克）
- ○ 紫菜2张

酱汁

- ○ 蒜泥1勺
- ○ 酱油1勺
- ○ 低聚糖2/3勺
- ○ 苹果醋1勺
- ○ 紫苏籽油2勺
- ○ 白芝麻1/3勺

1 将黄瓜、尖椒、熟鸡胸肉切成小块，紫菜用手撕成小块。

2 将酱汁材料混合均匀。

3 在杂粮饭上放黄瓜、尖椒、鸡胸肉、紫菜，淋上酱汁，搅拌均匀即可。

超简单油豆腐盖饭

早餐 / 午餐 微波炉料理

这是一道5分钟就能轻松完成的超简单食谱，但其美味程度绝对不逊色于日本料理店里的油豆腐盖饭。已经有不少朋友在浏览过我的社交媒体后尝试制作了这道料理，大家在品尝后都给出了极高的评价，纷纷表示“这道菜味道惊艳”。因此，我满怀信心地向各位推荐这款美食，一旦试做一次，冰箱里的油豆腐必定会被迅速消灭干净。

食材

- ○ 糙米魔芋饭1包（150克）
- ○ 冷冻油豆腐片1把（40克）
- ○ 洋葱1/2个（83克）
- ○ 尖椒2个
- ○ 鸡蛋2个
- ○ 白芝麻少许

酱汁

- ○ 酱油1勺
- ○ 水7勺
- ○ 蚝油1/2勺

1 将洋葱切成长条，尖椒切圈。

2 将酱汁材料搅拌均匀。

3 按照一半洋葱、魔芋饭、一半尖椒、油豆腐片、剩余洋葱的顺序依次将食材放入耐热容器中。

4 倒入酱汁，磕入鸡蛋，将蛋黄搅匀，再放入剩余的尖椒。

5 用微波炉加热2分钟，稍等片刻后再加热2分钟，撒上白芝麻即可。

焗烤番茄鸡胸肉

早餐 / 午餐　微波炉料理

这道料理的精华在于鸡胸肉与蔬菜做出的浓郁汤底，所以也被称为番茄鸡胸肉汤饭。只需将圣女果、鸡胸肉、蘑菇以及辣味蔬菜和调料混合均匀，放入微波炉中加热，即可烹调出一款适宜汤饭爱好者的美味佳肴。无须明火烹饪，制作过程极其简便快捷，强烈推荐各位亲自尝试。

食材

- 熟鸡胸肉100克
- 圣女果7个
- 尖椒1个
- 洋葱1/4个（35克）
- 蟹味菇53克（1把）
- 番茄酱1勺
- 是拉差辣酱1勺
- 马苏里拉奶酪20克
- 欧芹粉少许

1 将熟鸡胸肉切成小块，圣女果切成4等份，尖椒切圈，洋葱切丝，蟹味菇撕成条。

2 将以上材料放入烤碗中，加入番茄酱、是拉差辣酱搅拌均匀。

3 均匀地撒上马苏里拉奶酪，用微波炉加热3分钟，稍等片刻后再加热2分钟，撒上欧芹粉即可。

鸡丝凉面

早餐 / 晚餐　凉拌

这道鸡丝凉面的亮点在于直冲鼻尖的辣味和无负担的低热量，让各位在享受美食的同时，无须担忧体重增加。将鸡胸肉撕成细丝，混入富含水分的清脆蔬菜中，再搭配膳食纤维丰富且低热量的海带面，最后淋上我精心研制的减重凉拌酱汁，充分搅拌，一道让人回味无穷、健康美味的拌面就完成了。

食材

- ○ 海带面1袋（180克或裙带菜面）
- ○ 熟鸡胸肉120克
- ○ 红彩椒1/3个（50克）
- ○ 黄彩椒1/3个（50克）
- ○ 洋葱1/4个（45克）
- ○ 白芝麻1/3勺

酱汁

- ○ 蒜泥1/2勺
- ○ 无糖花生酱1/2勺
- ○ 苹果醋2勺
- ○ 酱油1大勺
- ○ 低聚糖1勺
- ○ 芥末1/3勺

1 将红、黄彩椒和洋葱切成细长条，熟鸡胸肉用手撕成条。

2 将海带面洗净，沥干。

3 在碗里放入酱汁材料，搅拌均匀后放入海带面，红、黄彩椒，洋葱，鸡胸肉搅拌均匀。

4 装盘，撒上白芝麻即可。

圆白菜比萨鸡蛋卷

早餐／晚餐

软滑的蛋卷富含蛋白质，是无负担的健康小食。在制作过程中，圆白菜的加入不仅增加了爽脆的咀嚼感，更能有效提升饱腹感。黑橄榄与番茄酱的融入，则为鸡蛋卷赋予了一丝异国风味。现在就来品尝这款别具一格的比萨风味特色鸡蛋卷吧。

食材 2餐的量

- ○ 圆白菜90克
- ○ 鸡蛋5个
- ○ 黑橄榄5个
- ○ 马苏里拉奶酪40克
- ○ 番茄酱1勺
- ○ 橄榄油1/2勺

1 将圆白菜切成细丝，洗净后沥干。

2 将鸡蛋打散，黑橄榄切成小圆片。

3 热锅里倒入橄榄油，中火将圆白菜炒熟后调成中小火，将圆白菜摊开，倒入一半鸡蛋液。

4 将马苏里拉奶酪、黑橄榄和番茄酱叠放在鸡蛋的1/3处，然后卷成卷。

5 倒入剩余的鸡蛋液，熟后继续卷起来。

6 冷却后将鸡蛋卷切成适口大小，可撒少许欧芹粉装饰。可搭配杂粮饭，分2次食用。

豆腐辣白菜炒饭

早餐 / 午餐 / 晚餐 / 常备菜 / **平底锅料理**

把豆腐捣碎、炒干，吃起来就会像米粒一样有嚼劲，因此可以多放一些炒干的豆腐，适当减少杂粮饭的量。辣白菜炒饭作为朝鲜族的灵魂美食之一，是一道简单的平底锅料理，制作轻松，美味又健康。

食材

○ 杂粮饭100克
○ 豆腐1/2块（150克）
○ 辣白菜46克（1根）
○ 圆白菜120克
○ 尖椒1个
○ 鸡蛋1个
○ 番茄酱1勺
○ 橄榄油1/2勺+1/3勺

1 用厨房纸巾擦干豆腐表面的水分，用刀背压碎。

2 将辣白菜、圆白菜切成小块，尖椒切圈。

3 将豆腐放入平底锅中，用大火炒至水分蒸发。

4 倒入1/2勺橄榄油，倒入辣白菜、圆白菜和尖椒翻炒。

常备菜

建议一次炒好3～5餐的量，保存起来。料理前按照“每餐的量×N”计算好食材用量。辣白菜和橄榄油分别只需准备70%和50%的量即可。推荐用稍大一点儿的锅来炒，再分成小份。鸡蛋可以现煎。两三天内要吃的炒饭建议冷藏保存，其余的冷冻保存。

5 倒入杂粮饭，加入番茄酱，翻炒均匀后在中间挖小洞，倒入1/3勺橄榄油，打1个鸡蛋。

6 盖上锅盖，用小火将鸡蛋煎至半熟后弄散蛋黄，和炒饭搅拌即可。可撒少许欧芹粉装饰。

尖椒大酱拌饭

建议使用P214鹰嘴豆低盐大酱

早餐 / 午餐 / 晚餐　凉拌

这道美食是拌饭系列中收获无数好评的尖椒大酱拌饭，是一道非常美味的健康减脂餐。杂粮饭搭配金枪鱼、尖椒、紫菜以及特制酱汁，富含蛋白质、维生素、优质碳水化合物，可以轻松补充多种营养。

食材

- ○ 杂粮饭120克
- ○ 青辣椒4个
- ○ 尖椒（可选）1个
- ○ 金枪鱼罐头1个（100克）
- ○ 紫菜2张

酱汁

- ○ 蒜泥1勺
- ○ 鹰嘴豆低盐大酱1勺（参考P214或大酱1/2～2/3勺）
- ○ 低聚糖2/3勺
- ○ 醋1勺
- ○ 紫苏籽油2勺
- ○ 白芝麻1/3勺

在碗里压实拌饭，再把碗扣过来装盘，这样做出来造型更好看。

1 青辣椒和尖椒分别切圈。

2 用勺子挤出金枪鱼中的油脂，沥油。紫菜用手撕成小块。

留一些白芝麻作装饰。

3 将酱汁材料倒入碗中，搅拌均匀。

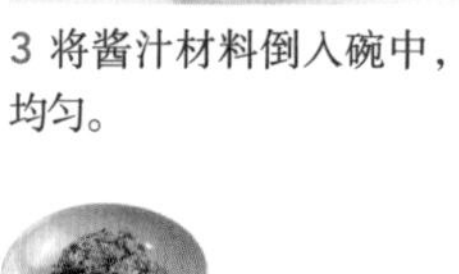

4 碗里放入青辣椒、尖椒、金枪鱼、杂粮饭和酱汁，搅拌均匀后装盘，撒上白芝麻即可。

鸡肉饭团

早餐 / 午餐 / 晚餐 / 凉拌

建议使用P200辣酱炒鸡

营养均衡的低盐辣酱炒鸡，搭配口感极佳的健康食材，令人垂涎欲滴。

每份只有拳头大小，不仅便于携带，而且开袋即食，十分方便。推荐大家制作成便当或常备菜。

食材 2餐的量

- 杂粮饭220克
- 熟鸡胸肉1块（125克）
- 尖椒2个
- 杏仁1把（21克）
- 紫菜2张
- 辣酱炒鸡3勺（参考P200或辣椒金枪鱼2～3勺）
- 飞鱼子2勺
- 紫苏籽油1勺
- 白芝麻少许

1 将熟鸡胸肉切成块，尖椒剁碎，杏仁用刀背压碎后再切碎，紫菜撕碎。

2 在碗里放入鸡胸肉、尖椒、杏仁、紫菜、杂粮饭、辣酱炒鸡、飞鱼子、紫苏籽油搅拌。

3 在碗里铺上保鲜膜，撒上少许白芝麻。

4 将一半的拌饭压实，包成圆圆的饭团，一次做2餐的量。

制作超简单的
10分钟快手料理

我的减脂食谱的核心优势不仅在于美味，而且充分考虑到了便捷性与可持续性。在这一章中，我为各位带来了各种快手料理。从微波炉料理、平底锅料理和冷餐中选择简单易做的菜品，包括烩饭、面条、意面、炖汤、蛋糕等多种美食，大家可以尽情挑选。

紫苏籽油拌豆腐丝

早餐 / 晚餐 凉拌

紫苏籽油拌面让人难以抗拒，但过量食用会导致碳水化合物摄入超标。为了不让大家错过这道美食，我将传统的荞麦凉面替换成豆腐丝，搭配同样令人垂涎的紫苏籽油，不仅保留了原有的诱人风味，还提高了蛋白质含量。

食材

- ○ 豆腐丝1包（100克）
- ○ 沙拉蔬菜80克
- ○ 紫菜1张

酱汁

- ○ 白芝麻3勺
- ○ 蒜泥1/2勺
- ○ 酱油1勺
- ○ 低聚糖1勺
- ○ 紫苏籽油2大勺

1 将豆腐丝和蔬菜冲洗干净，沥干。

2 将紫菜用剪刀剪成小条，白芝麻放入研钵中研碎。

3 用稍大的碗调匀酱汁。

4 在酱汁里放入豆腐丝，搅拌。

5 在另一碗中放入蔬菜，再放上拌好的豆腐丝，撒上紫菜、白芝麻即可。

蟹肉玫瑰烩饭

早餐 / 午餐 \ 常备菜 / 平底锅料理

近几年玫瑰口味的料理很受欢迎，比如玫瑰意面、玫瑰炒年糕等。有了这道料理，无须出门就餐或叫外卖，在家就能轻松制作出健康美味的玫瑰风味料理。只需将所有食材放入锅中，片刻间，一道高级料理就大功告成了。对于厨房小白来说，没有比这更完美的菜品了，就连碗也不用刷，真正做到了美味与简单并存。

食材

- ○ 糙米魔芋饭1包（150克）
- ○ 圆白菜丝120克（2把）
- ○ 蟹肉棒2个
- ○ 鸡蛋1个
- ○ 奶酪1片
- ○ 番茄酱1勺
- ○ 燕麦奶（或牛奶、无糖豆奶）1杯
- ○ 辣椒粉1勺
- ○ 咖喱粉1/2勺
- ○ 低聚糖1勺
- ○ 欧芹粉少许
- ○ 橄榄油1/2勺

1 在平底锅里倒入橄榄油，放入圆白菜丝和番茄酱，中火炒熟。

2 放入燕麦奶、糙米魔芋饭、辣椒粉和奶酪，将蟹肉棒撕开后放入。

3 放入鸡蛋搅拌均匀，加入咖喱粉、低聚糖，煮到蛋清熟透。

4 撒上欧芹粉即可。

市售圆白菜丝

圆白菜属于可以长时间保存的蔬菜，在料理中使用较多，建议买一棵提前切丝后保存好。也可以用市面上销售的圆白菜丝，减少材料处理时间，这样会非常方便。

常备菜

意式烩饭和炒饭是常备菜的两大代表。料理前按照“每餐的量×N”计算好食材用量，燕麦奶和橄榄油的用量可以减少20%～30%。按照每餐的分量分成小份，两三天之内要吃的冷藏保存，其余的建议冷冻保存。

巧克力奶油酸奶球

早餐 / 午餐 凉拌

若在减脂期间想吃甜食，不妨试着在无糖酸奶中加入巧克力味的蛋白粉。乳清蛋白与酸奶相互融合，就制成了浓稠甜蜜的健康奶油，再加入一些喜欢的水果，一道既能解馋又能提供充足营养的美味早餐就大功告成了！

食材

- ○ 无糖酸奶120毫升
- ○ 蛋白粉（巧克力味）3勺
- ○ 无糖可可粉1勺
- ○ 香蕉1个
- ○ 蓝莓10个
- ○ 木斯里40克
- ○ 可可豆1/2勺

1 香蕉切片，蓝莓洗净后沥干。

如果没有巧克力味的蛋白粉，就用其他味道的代替，有甜味就可以。

2 将酸奶、蛋白粉、可可粉充分搅拌后制成巧克力酸奶。

可以用苹果薄荷或迷迭香点缀一下，好看又好吃。

3 在碗中放入一半香蕉，加入巧克力酸奶，再放入余下的香蕉、蓝莓、木斯里、可可豆即可。

番茄咖喱鸡蛋羹

早餐 / 晚餐 微波炉料理

鸡蛋、番茄和西蓝花作为冰箱里的常备食材，吃多了难免会让人觉得单调，此时不妨用这道料理换换口味。将有益健康的蔬菜切成适口小块，搭配鸡蛋与番茄酱，再加入咖喱粉这一“点睛之笔”，最后放入微波炉中加热，一道口感细腻滑嫩、风味独特的西式鸡蛋羹就这样轻松诞生了！

食材

○ 番茄1/2个（62克）
○ 西蓝花1/4个（45克）
○ 洋葱1/4个（42克）
○ 快熟燕麦片3勺
○ 鸡蛋2个
○ 番茄酱1勺
○ 咖喱粉1/2勺
○ 马苏里拉奶酪15克
○ 欧芹粉少许

1 将番茄、西蓝花切成小块，洋葱切碎。

2 将番茄、西蓝花、洋葱、燕麦片、鸡蛋、番茄酱、咖喱粉放入碗中，搅拌均匀。

3 将搅拌好的食材放入烤盘中，撒上马苏里拉奶酪，用微波炉加热2分钟，取出后搅拌，再继续加热2分钟。

4 撒上欧芹粉即可。

无花果橄榄杯子蛋糕

早餐 午餐 常备菜 微波炉料理

这道杯子甜品将熟透、香甜的无花果与咸鲜可口的黑橄榄完美地结合在了一起。做法非常简单，只需将所有食材混合均匀并用微波炉加热即可。无须额外添加糖，凭借水果自带的甜味就能完成这道健康美味的甜品。当然也可以用同样软糯甜美、营养丰富的香蕉或芒果代替无花果。

食材

- ○ 无花果（或冷冻无花果）1个
- ○ 黑橄榄3个
- ○ 鸡胸肉午餐肉20克
- ○ 洋葱1/5个（38克）
- ○ 鸡蛋2个
- ○ 木斯里4勺
- ○ 无盐黄油10克
- ○ 燕麦奶（或牛奶、无糖豆奶）2勺
- ○ 马苏里拉奶酪15克
- ○ 欧芹粉少许

1 将无花果和黑橄榄切片，鸡胸肉午餐肉和洋葱切小片。

黄油在微波炉中加热时间过长可能导致爆炸，因此要控制加热时间。

2 将无盐黄油和燕麦奶放入耐热碗中，用微波炉加热10秒。

留一些无花果、黑橄榄、木斯里作装饰。

3 将无花果、黑橄榄、鸡胸肉午餐肉、洋葱、木斯里、奶酪和1个鸡蛋放入加热好的材料中，搅拌均匀。

用叉子扎一扎蛋黄，以免加热时发生爆炸。

4 在搅拌好的材料上打1个鸡蛋，再加入无花果、黑橄榄，用微波炉加热2分钟，取出搅拌，再继续加热2分钟。

5 最后撒上欧芹粉和木斯里即可。

常备菜

1个坯子需要2个鸡蛋，因为蛋白质含量比较丰富，所以只放2片鸡胸肉午餐肉即可。如果担心吃不完，一次可以多做几个，然后保存起来。按自己需要的量混合好食材，放入微波炉中加热，再按每顿的量分成小份。两三天内要吃的冷藏保存，其余的冷冻保存，吃的时候用微波炉解冻。杯子蛋糕方便携带，适合早晨着急上班的人。

罗勒蘑菇汤

早餐 / 午餐 \ 晚餐 / 常备菜 **平底锅料理**

可能有些朋友会因为不了解食材而不愿意尝试汤。别担心，我这就带来一款适合雨天或任何想喝热汤时的美味佳肴。这道以鸡肉和蘑菇熬制而成的清汤，加入一抹清香四溢的罗勒酱，鲜美程度绝对可以媲美餐厅里的滋补汤。

食材

- ○ 蟹味菇1½把（95克）
- ○ 熟鸡胸肉100克
- ○ 尖椒1个
- ○ 洋葱1/5个（35克）
- ○ 燕麦片2勺
- ○ 水2杯
- ○ 浓汤宝1个（14克或鸡精1/3勺）
- ○ 罗勒酱1勺

1 将蟹味菇和熟鸡胸肉用手撕开，尖椒和洋葱切小块。

2 将水、浓汤宝、蟹味菇、尖椒、洋葱放入锅中，中火煮沸。

3 煮沸后加入鸡胸肉、燕麦片煮2分钟，不断搅拌以防煳锅。

4 燕麦片快熟的时候加入罗勒酱，搅拌均匀后立即关火。

市面上售卖的浓汤宝有粉状、块状和液体的，个人推荐液体的。这种浓汤宝由走地鸡、有机大蒜和盐制成，不含其他任何添加剂，能够赋予料理浓郁的鲜味和醇香。

常备菜

料理前按照“每餐的量 × N”计算好食材用量，浓汤宝的用量建议减少30%左右。一两天内要吃的简单加热即可，其余的分装冷藏或冷冻保存。

超简单鸡肉冷面

早餐 / 晚餐 凉拌

炎炎夏日总是想来一碗爽口的冷面，但传统冷面的碳水化合物含量较高，可能会让减重人士望而却步。不用担心，这道料理中用鹰嘴豆面替代了普通面条，减少了碳水化合物的摄入，再搭配上新鲜爽脆的黄瓜，减脂冷面就大功告成了。此外还加入了富含蛋白质的鸡胸肉，这款冷面堪称最完美的夏季营养美食。

食材

○ 鹰嘴豆面1包（150克）
○ 熟鸡胸肉100克
○ 煮鸡蛋（半熟）1个
○ 黄瓜2/3根
○ 白萝卜1块
○ 市售冷面汤1/2包（150毫升）
○ 白芝麻少许
○ 芥末少许
○ 冰块7个

1 黄瓜切丝，白萝卜切片，熟鸡胸肉用手撕开，煮鸡蛋切开。

2 鹰嘴豆面用冷水冲洗干净，沥干后用剪刀剪开，盛入碗中，放上2/3的黄瓜。

冷面汤要提前放进冷藏室或冷冻室，这样更冰凉爽口。剩余的冷面汤可以用于制作圆白菜辣白菜汤面（P64）。

3 放入鸡胸肉、白萝卜和剩余的黄瓜，再倒入冷面汤。

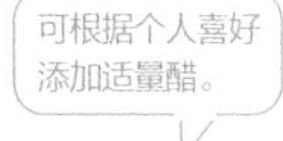

4 将白芝麻用手掌压碎，放入白芝麻、冰块、煮鸡蛋，根据个人喜好加入芥末即可。

全麦热狗棒

早餐 晚餐 常备菜 空气炸锅料理

普通热狗棒外面裹了一层油炸面衣，而且还撒满了白糖，尽管美味可口，却不适合常吃。其实只要采用健康的食材和烹饪方法，问题就解决了。只需把奶酪和香肠卷进沾满蛋液的全麦面包，再稍稍烤一下，这道美食就完成了！无须任何油炸步骤，整个制作过程简单易行。虽然用的都是健康食材，但其味道绝对会让各位惊艳。

食材 2餐的量

- ○ 全麦面包2片
- ○ 鸡蛋1个
- ○ 鸡胸肉肠2个
- ○ 奶酪2片
- ○ 是拉差辣酱1/2勺
- ○ 橄榄油1/3勺

剩下的面包边角料可以用来制作全麦面包干（P244）。

1 全麦面包去边，用擀面杖或瓶子擀平。

2 在碗中打入鸡蛋并搅散，将面包片的两面浸满蛋液。

鸡胸肉肠要提前解冻。

3 在面包上放奶酪片和鸡胸肉肠后卷起来。

4 在烤网上铺上烘焙纸，放入热狗，涂上橄榄油，空气炸锅170℃烤5分钟，翻面再烤5分钟。

5 挤上是拉差辣酱即可。

常备菜

按照“每餐的量×N”计算好食材用量。建议先用一个鸡蛋来浸湿面包，不够的话再加。一两天内要吃的热狗可以冷藏保存，每次用空气炸锅加热3分钟后即可食用，其余的建议冷冻保存。

油豆腐辣白菜辣粥

早餐 / 午餐 \ 晚餐 / 微波炉料理

天气变凉或是想吃辣的时候，快回家煮一碗油豆腐辣白菜辣粥吧。这是一道只需把一锅食材煮熟即可的速食粥，烹饪方法非常简单，也不费时间。一勺下去，身心都变得暖乎乎的。

食材

- ○ 快熟燕麦片20克
- ○ 冷冻油豆腐片1把（40克）
- ○ 鸡蛋1个
- ○ 辣白菜40克（1根）
- ○ 圆白菜105克
- ○ 紫菜1片
- ○ 辣椒粉1/3勺
- ○ 酱油1/2勺
- ○ 是拉差辣酱1勺
- ○ 水1杯
- ○ 紫苏籽油1勺

1 将辣白菜和圆白菜切碎，紫菜用手撕成小块。

2 在烤盘中加入燕麦片、油豆腐片、鸡蛋、辣白菜、圆白菜、辣椒粉、酱油、辣酱和水，搅拌均匀。

3 用微波炉加热2分30秒后搅拌均匀，再加热2分30秒。

4 加入紫苏籽油和紫菜即可。

辣白菜金枪鱼紫苏籽油意面

早餐 / 午餐 \ 晚餐 / 平底锅料理

一想到把金枪鱼和辣白菜一起炒，那滋味就足以令人垂涎欲滴，不仅美味可口，还富含膳食纤维和蛋白质，是减重期间的理想选择。再配上优质碳水化合物——全麦意面、富含壳聚糖（可促进脂肪燃烧）的金针菇，这样一道香辣诱人、口感筋道的美味意面便大功告成了。

食材

- ○ 全麦意面40克
- ○ 金枪鱼罐头1个（100克）
- ○ 金针菇1把（140克）
- ○ 大蒜8瓣（25克）
- ○ 辣白菜50克（1根）
- ○ 水2杯
- ○ 紫苏籽油1勺
- ○ 白芝麻少许
- ○ 橄榄油1勺

1 金针菇去根后用手撕开，大蒜切片，辣白菜切小块。

2 用勺子压出金枪鱼的油脂，沥油。

3 平底锅里倒入橄榄油，放入大蒜、辣白菜，开中火炒。

注意意面不需要提前煮，直接放干面煮熟即可。

4 大蒜变黄后加水和全麦意面，慢慢搅拌，大火煮7分钟。

紫苏籽油的烟点相对较低，加热时间过长会产生致癌物质，注意食材煮熟关火后再放紫苏籽油。

5 放入金枪鱼、金针菇，开中火煮熟，关火后加紫苏籽油和白芝麻即可。

章鱼番茄奶油烤吐司

早餐／午餐

当章鱼邂逅希腊酸奶与番茄酱，这独特的组合或许让人难以想象，但只需一口，你一定就会爱上这道菜。口感弹韧的章鱼，搭配清爽的酸奶与醇美番茄酱，其美味绝对令人惊艳。丰富的口感，诱人的外观，这道色香味俱佳的美味菜肴同样适合在家庭聚会上与大家一起分享。

食材

- ○ 全麦面包1片
- ○ 熟章鱼片（或焯过的鱿鱼片）100克
- ○ 洋葱1/6个（30克）
- ○ 黑橄榄3个
- ○ 全谷物芥末酱1/3勺
- ○ 希腊酸奶60克
- ○ 番茄酱2勺
- ○ 橄榄油1/2勺
- ○ 胡椒粉少许
- ○ 红彩椒粉少许
- ○ 欧芹粉少许

1 洋葱切丝，黑橄榄切碎。

2 将全麦面包放入平底锅中，烤至两面金黄。

3 在面包上涂抹芥末酱，再放上洋葱。

4 整齐地码上熟章鱼片，再放上希腊酸奶和番茄酱。

5 均匀地淋上橄榄油，放黑橄榄、胡椒粉、红彩椒粉、欧芹粉即可。

章鱼作为高蛋白、低脂肪的食物，非常适合在减重时食用。熟章鱼片通常可以在大型超市购买，或者可以用鱿鱼来代替。

圆白菜辣白菜汤面

早餐 / 晚餐　凉拌

减肥之路上，辛辣油腻的食物令人难以抗拒，清凉爽口的菜肴同样让人向往。这个时候就是圆白菜辣白菜汤面登场的时候啦！在这道料理中，我用豆腐丝和圆白菜代替面条，再搭配辣白菜和冷面汤调味，入口瞬间清新爽口，带给身体由内而外的满足感。更绝的是，即使你大快朵颐，第二天也无水肿困扰，这款减脂版辣白菜汤面堪称减重者的理想菜品。

食材

- ○ 豆腐丝1包（100克）
- ○ 圆白菜80克
- ○ 辣白菜40克（1根）
- ○ 紫菜1张
- ○ 冷冻冷面汤块1/2袋（160克）
- ○ 白芝麻1/3勺
- ○ 紫苏籽油1勺

1 将豆腐丝冲洗干净，沥干。

2 圆白菜切丝，辣白菜切小块，紫菜撕小块。

3 在碗中放入豆腐丝、圆白菜，抓匀后放入辣白菜。

4 用手掰碎冷面汤块，放入碗中。

5 放入紫菜，撒白芝麻，再加入紫苏籽油拌匀即可。

奶酪焗虾

早餐 / 午餐 微波炉料理

只需半袋方便面料包，即可让奶酪焗虾一跃变身成为简易快捷的减脂美食。饱满有弹性的虾仁，口感软绵的燕麦片，再搭配上增添风味的辣味蔬菜和软糯黏稠的优质奶酪，全程只需一台微波炉便能完成这道美食，其味道丝毫不逊色于传统的意式焗饭。

食材

- ○ 冷冻虾仁5只（100克）
- ○ 洋葱1/4个（50克）
- ○ 尖椒1个
- ○ 燕麦片25克
- ○ 辣椒粉1/4勺
- ○ 蒜泥1/2勺
- ○ 方便面粉料包1/2袋
- ○ 牛奶1杯
- ○ 切丝奶酪（或马苏里拉奶酪）1/2勺
- ○ 欧芹粉少许

1 虾仁用流水冲洗干净后浸泡在温水中，洋葱切丁，尖椒切圈。

剩余的粉料包可以用来制作东南亚风味冷面（P68）。

2 将燕麦片、洋葱、尖椒、虾仁放入烤盘中，加入辣椒粉、蒜泥、方便面粉料包、牛奶搅拌均匀。

3 用微波炉加热2分30秒，搅拌均匀后再加热2分30秒，直到虾仁熟透为止。

4 撒上切丝奶酪、欧芹粉即可。

东南亚风味冷面

早餐 / 午餐 \ 晚餐 / 凉拌

减重期间一般会选择低热量的方便面，尽管美味，但较高的钠含量还是让人担忧。这道料理中我只使用了半袋粉包以减少盐的摄入，搭配丰富的香辛料、蔬菜、金枪鱼和半熟的鸡蛋，这道营养均衡且美味诱人的夏季美食就完成啦！只需简单几步，就能把普通方便面变成高级料理。

食材

- ○ 方便面1杯（粉料包1/2袋+汤料包1袋）
- ○ 尖椒1个
- ○ 黄瓜1/3根（50克）
- ○ 香菜3根（10克/可选）
- ○ 煮鸡蛋（半熟）1个
- ○ 金枪鱼罐头1个（100克）
- ○ 蒜泥1/2勺
- ○ 无糖花生酱1/2勺
- ○ 开水适量
- ○ 凉水2/3杯
- ○ 冰块适量

1 尖椒切圈，黄瓜切丝，香菜切小段，煮鸡蛋对半切开。

2 用勺子压出金枪鱼的油脂，沥油。

3 在碗中放入面条和适量开水，盖上盖子静置5分钟。

4 在方便面盒中加入1/2袋粉料包、1袋汤料包、尖椒、香菜、蒜泥、无糖花生酱，倒入开水至盒子1/3的高度。

5 泡好的面条过一下凉水，沥干后放入碗中，加入金枪鱼、黄瓜。

6 将凉水倒入方便面盒中，水位稍微高于容器标示线即可，搅拌均匀后倒入面条中。

7 加入冰块、香菜、鸡蛋即可。

木斯里蛋白甜品

早餐 / 午餐 \ 常备菜

时尚的“隔夜燕麦”想必大家已经尝试过了。现在，我推荐一款更为美味和健康的“隔夜木斯里”。不同于传统燕麦片，这道甜品选用富含谷物、坚果和干果的木斯里作为基础食材，让味道和口感更加丰富，添加的蛋白粉还能充分补充身体所需的蛋白质。无暇用餐的时候，可以用这道健康甜品来填饱肚子。

食材

- ○ 无糖酸奶120毫升
- ○ 蛋白粉30克
- ○ 无糖草莓酱1勺（参考P232或市售无糖草莓酱）
- ○ 草莓4个
- ○ 蓝莓30克
- ○ 木斯里30克
- ○ 杏仁1/2把

1 草莓切小块，蓝莓洗净、沥干。

2 在密封罐内依次放入木斯里、无糖酸奶、蛋白粉、无糖草莓酱、蓝莓、杏仁、草莓，注意每一层都要填满压实。

3 制作完成后放入冰箱冷藏，第二天搅拌均匀后食用。

常备菜

如果有多个大小相同的密封罐，可以一次制作两三罐。冷藏保鲜，建议在两三天内吃完。

升级版意式烘蛋派

早餐 / 午餐 / 零食 / 常备菜 / 微波炉料理

意式烘蛋派也叫意式鸡蛋羹或鸡蛋派，是一款用冰箱剩余蔬菜和鸡蛋制作而成的健康美食。在此基础上，我用富含膳食纤维的全麦饼干铺底，精心调配碳水化合物、蛋白质和脂肪的比例，制作出这一款升级版的意式烘蛋派，色香味俱全，给各位带来超乎想象的满足感。

食材 （2~3餐的量）

- ○ 全麦饼干12个（58克）
- ○ 鸡蛋4个
- ○ 西蓝花88克
- ○ 洋葱1/4个（52克）
- ○ 番茄干12个（35克或P210空气炸锅圣女果干）
- ○ 燕麦奶2/3杯（或牛奶、无糖豆奶）
- ○ 罗勒酱1½勺
- ○ 马苏里拉奶酪40克
- ○ 欧芹粉少许
- ○ 是拉差辣酱1/2勺

1 将全麦饼干放在浅盘中，倒入燕麦奶浸泡5分钟。

番茄干可直接使用。

2 西蓝花、洋葱切小块，鸡蛋打散。

3 将浸泡好的全麦饼干铺满烤盘。

4 在全麦饼干上涂抹罗勒酱，撒上20克马苏里拉奶酪，将西蓝花、洋葱、番茄干抓匀后放在上面。

5 将蛋液和浸泡过饼干的燕麦奶搅匀后倒入，撒上剩余的马苏里拉奶酪。

6 先用微波炉加热3分30秒，取出静置片刻，再加热3分30秒，放欧芹粉、辣酱即可，建议分两三次食用。

这道料理可作为两顿正餐，也可作为三四次的零食，可一次多烤些，提前备好加热即食。忙碌时可以代替正餐。两三天内吃的放冰箱冷藏，其余的冷冻保存即可。

part 3

味道丰富的
拌饭、炒饭

有很多朋友都是复刻了我的米饭料理后成功减重的。这一部分拌饭和炒饭无须搭配小菜，只需简单搅拌或炒制即可，是可以经常制作的王牌料理。尽管有些人可能对碳水化合物有所顾虑而回避米饭，但实际上，健康的米饭料理能够提供身体所需的适量碳水化合物、蛋白质和脂肪。我强烈推荐这些美味的食谱，一旦尝试后便会让你回味无穷，让减重之路变得轻松愉快，再也不用担心体重反弹的问题。

麻辣纳豆拌饭

早餐 / 午餐

辣味减脂餐华丽登场了！我深知大家对麻辣烫与麻辣香锅的热爱，所以选用了低盐配方的麻辣酱汁来制作这款好吃又减脂的麻辣拌饭，味道绝对让你欲罢不能！如果想尝试其他麻辣料理，可以参考P132的麻辣拌面哦！

食材

- 杂粮饭120克
- 纳豆1袋
- 熟鸡胸肉（辣味）100克
- 香菜16克（1根/或苏子叶）
- 洋葱40克（1/4个）
- 绿豆芽1把（50克）
- 麻辣酱汁（参考P133）1勺
- 紫苏籽油1勺

1 将熟鸡胸肉、香菜、洋葱切小块。

2 将绿豆芽放入沸水中焯30秒，沥干。纳豆搅拌均匀。

3 在碗里盛上杂粮饭，放上鸡胸肉、香菜、洋葱、绿豆芽、纳豆。

4 倒入麻辣酱汁，淋紫苏籽油，搅拌均匀即可。

比萨风味拌饭

早餐 / 午餐 / 晚餐 / 常备菜

将比萨中常见的蔬菜与低脂、高蛋白的鸡胸肉肠加入杂粮饭中，再配上番茄酱和奶酪粉，就会还原出令人垂涎欲滴的比萨风味。这款拌饭完美融合了米饭与比萨的特色，不仅味道丰富，营养价值也极高，绝对是日常餐桌上的绝佳选择。此外，炒制食材时所释放出的诱人香味能够激发食欲，不妨多准备一些，邀请家人共享这份美味吧。

食材

- ○ 杂粮饭100克
- ○ 鸡胸肉肠1个（120克）
- ○ 尖椒1/2个（47克）
- ○ 洋葱1/4个（47克）
- ○ 圣女果5个
- ○ 黑橄榄3个
- ○ 蒜泥1/2勺
- ○ 番茄酱1勺
- ○ 帕玛森奶酪粉1/2勺
- ○ 欧芹粉少许
- ○ 橄榄油1/2勺

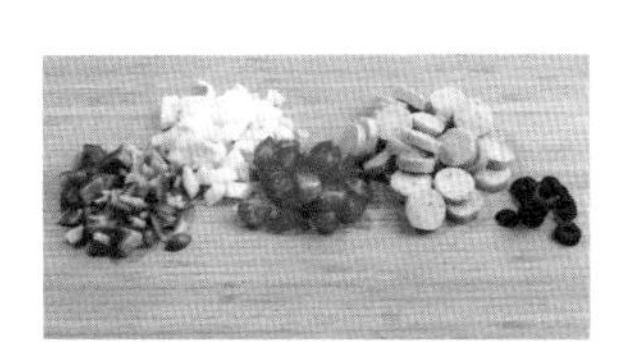

1 尖椒、洋葱、圣女果切小块，黑橄榄、鸡胸肉肠切圆片。

2 热锅里倒入橄榄油，放入步骤1处理好的材料和蒜泥、番茄酱，中火翻炒3分钟。

3 杂粮饭盛入碗中，放入炒好的食材，撒上奶酪粉和欧芹粉，搅拌均匀即可。

这道料理中做法简单，炒制即可，建议预制后保存起来。料理前按照“每餐的量×N”计算好食材用量，番茄酱和橄榄油分别只需准备70%和50%的量即可。推荐用稍大一点儿的锅来炒，再分成小份，两三天内要吃的冷藏保存，其余的建议冷冻保存。每次食用时再另外准备杂粮饭。

山蒜鸭肉拌饭

早餐 / 午餐 \ 晚餐

山蒜富含维生素以及钙、钾、铁等矿物质，是一种天然的健康食材。将新鲜山蒜制成的酱料淋在香嫩多汁的鸭肉上，再加上清脆爽口的圆白菜丝拌匀，就能调制出一道让人赞不绝口的美味佳肴。

食材

○ 杂粮饭120克
○ 鸭胸肉130克
○ 圆白菜丝+紫甘蓝丝100克（2把）

山蒜酱

○ 山蒜40克（1/2把）
○ 酱油1勺
○ 鱼露1/2勺
○ 紫苏籽油1勺

1 将山蒜切小块，圆白菜丝和紫甘蓝丝洗净后沥干。

可将细叶韭和蒜泥按照7：3的比例来代替山蒜。

2 将山蒜酱的所有材料搅拌均匀。

3 在干燥的平底锅中放入鸭胸肉，烤至两面金黄后用剪刀剪成小块。

4 碗里盛入杂粮饭，放上圆白菜丝、紫甘蓝丝、鸭胸肉，再倒入山蒜酱搅拌均匀即可。

常备菜

提前准备好山蒜酱，做饭时就会更方便，按照“山蒜、酱油、鱼露×N”的用量调配并拌匀。建议冷藏保存，在四五天内吃完。每次食用时，可以另外加入紫苏籽油。

墨西哥虾仁拌饭

早餐 / 午餐

这道菜品的灵感来源于墨西哥风味料理，根据亚洲人的口味稍作了调整，一款超简单的虾仁拌饭就此诞生。我以健康低脂的希腊酸奶取代了传统的酸奶油，即使是墨西哥人尝过后也会为之惊艳。在虾仁上撒上一层熏制辣椒粉，瞬间便为这道料理增添了浓郁且富有异国情调的独特香气。此外，米饭的量和各色配料更是诚意满满，每一口都让人倍感愉悦。

食材

- ○ 糙米饭120克
- ○ 冷冻虾仁6只（100克）
- ○ 洋葱1/5个（45克）
- ○ 香菜30克（2根）
- ○ 圣女果6个
- ○ 牛油果1/2个
- ○ 熏制红灯笼辣椒粉1/3勺+少许
- ○ 番茄酱1勺
- ○ 希腊酸奶1勺（28克）
- ○ 柠檬1/5个
- ○ 橄榄油1/2勺

1 将冷冻虾仁洗净，用温水浸泡，解冻后沥干。

2 将洋葱、香菜、圣女果、牛油果切小块。

3 锅里倒入橄榄油，放入虾仁，待虾熟透后撒上1/3勺辣椒粉迅速翻炒，防止炒煳。

4 碗里盛入糙米饭，放入洋葱、香菜、圣女果、牛油果、虾仁。

5 加入番茄酱、酸奶，撒上辣椒粉，放上柠檬即可。

挑选冷冻虾仁的方法

在制作高蛋白低碳水料理时，如果虾仁是主料，建议选用稍大个的虾仁以提升口感，而在炒饭或做配菜时，选用小个的虾仁更为适宜。因冷冻虾仁尺寸不一，购买时请优先关注重量而非数量，确保食材用量准确合理。

番茄辣椒酱拌饭

早餐 / 午餐 \ 晚餐

辣椒酱中含有较多的盐和糖，减肥期间应该少吃。为了减轻对盐分摄入过多的担忧，可以将辣椒酱与富含钾元素的番茄一同食用，因为钾有助于促进体内钠的代谢。尽管杂粮饭搭配圣女果和辣椒酱可能看起来有些不寻常，但这种组合的味道却能给人带来意想不到的惊喜。如果家里的辣椒酱用完了，我推荐购买更加健康的低糖辣椒酱。

食材

- ○ 杂粮饭120克
- ○ 圣女果7个
- ○ 尖椒3个
- ○ 洋葱1/5个（45克）
- ○ 紫菜2张
- ○ 鸡蛋2个
- ○ 低糖辣椒酱2/3勺（或辣椒酱1/2勺）
- ○ 紫苏籽油1勺
- ○ 白芝麻少许
- ○ 橄榄油1/3勺

1 将圣女果切小块，尖椒切圈，洋葱切丁，紫菜撕成小块。

2 烧热的锅中倒入橄榄油，将鸡蛋煎熟。

3 碗里盛入杂粮饭，放入圣女果、尖椒、洋葱、紫菜，将煎蛋放在中间。

4 加入低糖辣椒酱、紫苏籽油、白芝麻搅拌均匀即可。

低糖辣椒酱

普通辣椒酱由于盐和糖含量较高，对于减重者来说应避免或少量使用。低糖辣椒酱是往辣椒粉中加入低热量的代糖，用豆酱粉代替糯米粉或面粉制作而成，减轻了糖分及热量负担。若没有低糖辣椒酱，就减少普通辣椒酱的使用量。

萝卜拌饭

早餐 / 午餐 \ 晚餐

建议使用P200辣酱炒鸡

建议使用P204凉拌萝卜

脆爽可口的凉拌萝卜遇上煎鸡蛋和香辣诱人的辣椒酱，这样的美味拌饭没有人能抗拒。如果用自己亲手制作的辣酱炒鸡代替普通辣椒酱，再搭配上甜菜和萝卜做成的凉菜，瞬间就变身为一道既健康又美味的减脂餐。相信你一旦尝试过，一定会念念不忘。

食材

- ○ 杂粮饭120克
- ○ 凉拌萝卜60克（参考P204）
- ○ 辣酱炒鸡2勺（参考P200或低糖辣椒酱2/3勺、辣椒酱1/3勺）
- ○ 胡萝卜1/4个（55克）
- ○ 鸡蛋1个
- ○ 白芝麻少许
- ○ 紫苏籽油1勺
- ○ 橄榄油1/2勺

1 胡萝卜切丝。

2 锅里倒入橄榄油，煎好鸡蛋。

3 锅里放入胡萝卜稍微炒一下。

4 碗里盛入杂粮饭，放凉拌萝卜、胡萝卜、煎鸡蛋、辣酱炒鸡，撒上白芝麻，淋紫苏籽油搅拌均匀即可。

辣鸡黄油拌饭

早餐 / 午餐 \ 晚餐 凉拌

每当想念香辣又黏稠的料理时，辣鸡黄油拌饭无疑是理想的选择。尖椒与洋葱释放出的独特辣味，与无盐黄油的馥郁风味相互交融，使得每勺入口都能带来无比享受的美食体验。如果担心生洋葱味道呛，建议用凉水浸泡片刻后使用。

食材

- ○ 杂粮饭120克
- ○ 熟鸡胸肉100克
- ○ 尖椒2个
- ○ 洋葱1/4个（52克）
- ○ 无盐黄油10克

酱汁

- ○ 无糖花生酱1/3勺
- ○ 酱油1大勺
- ○ 低聚糖1/2勺
- ○ 醋1勺

1 将一半的洋葱切丝，另一半洋葱和尖椒切碎，熟鸡胸肉撕成条。

2 将酱汁材料、洋葱碎和尖椒碎搅拌均匀，制成尖椒酱汁。

3 碗里盛入杂粮饭，放上洋葱丝和熟鸡胸肉。

4 倒入尖椒酱汁，放无盐黄油，搅拌均匀即可。

飞鱼子炒蛋拌饭

早餐 / 午餐 \ 晚餐

软滑细腻的炒蛋与颗粒饱满的飞鱼子巧妙融合，搭配爽脆多汁的新鲜蔬菜以及酸甜清脆的腌萝卜，再加上香气四溢的紫菜和营养丰富的紫苏籽油，多种层次的味道与口感在口腔中协调共舞，带来无比愉悦的体验。最后，再佐以全素蛋黄酱轻轻搅拌，每一口都充满了软嫩且清香的滋味。

食材

- ○ 杂粮饭120克
- ○ 鸡蛋2个
- ○ 飞鱼子1/2勺
- ○ 黄瓜1/2根（80克）
- ○ 大葱13厘米（15克）
- ○ 腌萝卜2条（28克）
- ○ 紫菜1张
- ○ 全素蛋黄酱1勺
- ○ 紫苏籽油1勺
- ○ 白芝麻1/3勺
- ○ 橄榄油1/2勺

1 黄瓜去籽后切成小块，大葱切圈，腌萝卜切小块，紫菜撕成小块。

2 将鸡蛋打散。开小火，平底锅里倒入橄榄油，倒入蛋液，炒熟后盛出。

3 碗里盛入杂粮饭，放入腌萝卜、黄瓜、紫菜和大葱。

4 在碗中间放上炒蛋、飞鱼子、全素蛋黄酱，撒上白芝麻，淋紫苏籽油搅拌均匀即可。

锅巴炒饭

早餐 / 午餐 \ 晚餐 / **平底锅料理**

炒饭可让你同时享受到肉的鲜美与炒饭的香脆，可谓是绝妙的享受。在家中用健康的食材做炒饭是绝佳选择，现在就拿起平底锅，制作一道口感酥脆的锅巴炒饭吧。别忘了最后刮锅巴的乐趣，可以说是这道美食的独特体验。

食材

- ○ 杂粮饭120克
- ○ 金枪鱼罐头1个（100克）
- ○ 洋葱1/4个（60克）
- ○ 苏子叶10片
- ○ 紫菜2张
- ○ 胡椒粉少许
- ○ 紫苏籽油1/2勺
- ○ 白芝麻少许
- ○ 橄榄油1/2勺

酱汁

- ○ 辣椒粉1/3勺
- ○ 白芝麻1/2勺
- ○ 蒜泥1/2勺
- ○ 低聚糖1/2勺
- ○ 蚝油1/3勺
- ○ 低糖辣椒酱1/2勺（或辣椒酱1/3勺）
- ○ 水2勺

1 将洋葱、苏子叶切小块，用勺子压出金枪鱼中的油脂，沥油。

2 将酱汁材料充分拌匀。

3 往烧热的平底锅里倒入橄榄油，开中火，倒入洋葱、金枪鱼翻炒，待洋葱半透明后放入杂粮饭翻炒，把米粒炒散。

4 倒入酱汁翻炒，放入苏子叶和撕开的紫菜，翻炒均匀。

5 调小火，撒胡椒粉、紫苏籽油翻炒后把饭压平，再静置3分钟，让饭稍粘在锅底上。

6 关火，撒上白芝麻、苏子叶即可。

鸭肉芥末拌饭

早餐／晚餐

筋道的口感加上激发食欲的熏制香味，熏鸭肉不仅是深受人喜爱的食材，更是优质蛋白质的理想选择。提到熏鸭肉，自然不能不提拌饭。把芥末酱以及香味浓郁的各类蔬菜一同放入饭中，搅拌均匀，一道别具一格的美味拌饭便大功告成了。若想体验到熏鸭粒粒分明的美妙口感，记得将熏鸭肉精心切成小块哦。

食材

- ○ 杂粮饭100克
- ○ 熏鸭肉130克
- ○ 香菜8克（1根或苏子叶）
- ○ 洋葱1/4个（40克）
- ○ 蒜泥1/3勺
- ○ 全谷物芥末酱1/2勺
- ○ 紫苏籽油1大勺

1 将香菜、洋葱切小块。

也可将熏鸭肉放在滤网上，倒入开水冲一下。

2 熏鸭肉放入沸水中焯30秒，沥干后切小块。

3 碗里盛入杂粮饭，放入香菜、洋葱、蒜泥、熏鸭肉。

4 放入芥末酱和紫苏籽油，搅拌均匀即可。

松露拌饭

早餐 / 午餐 \ 晚餐

用低脂食材制作的拌饭，只需加入少许松露油，平淡无奇的拌饭就会变身为一道美味又高端的料理。尽管香油和紫苏籽油也很适合，但松露油的独特香气与浓郁风味，能让普通的拌饭焕发出别样的魅力。无论是意式焗饭还是创意菜，松露油都是可以经常使用的理想选择。

食材

- ○ 杂粮饭110克
- ○ 圆白菜100克
- ○ 牛油果1/2个
- ○ 洋葱1/5个（50克）
- ○ 紫菜1张
- ○ 纳豆1包
- ○ 鸡蛋1个
- ○ 酱油1勺
- ○ 松露油1½勺
- ○ 橄榄油1/3勺

1 圆白菜切丝，洗净后沥干。

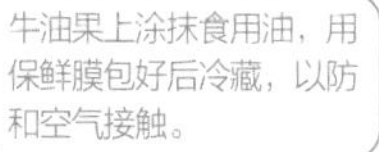

2 牛油果去皮、切薄片，洋葱切丁，紫菜撕成小块，将纳豆搅拌均匀。

3 往平底锅里倒入橄榄油，将鸡蛋煎熟。

4 碗里盛入杂粮饭，放入圆白菜、洋葱、牛油果、紫菜、纳豆、煎鸡蛋，淋上酱油、松露油，搅拌均匀即可。

墨西哥辣椒大蒜炒饭

早餐 / 午餐 \ 晚餐 / 常备菜

东西方不同辣味的完美结合，这是吃一口便会让人上瘾的墨西哥辣椒大蒜炒饭。以微辣的墨西哥腌辣椒和尖椒为主料，搭配香味浓郁的大蒜制作出的炒饭，即使没有过多的调味品，也能激发出食材本身独特的鲜美滋味。最后撒一层醇厚奶酪，其香味与辛辣形成了鲜明对比却又和谐交融，打造出一道别具一格的美味佳肴。

食材

- ○ 杂粮饭100克
- ○ 菜花米2杯（150克）
- ○ 墨西哥腌辣椒25克
- ○ 尖椒1/2个（40克）
- ○ 熟鸡胸肉125克
- ○ 蒜泥1/2勺
- ○ 胡椒粉少许
- ○ 切丝奶酪（或马苏里拉奶酪）20克
- ○ 欧芹粉少许
- ○ 橄榄油1/2勺

1 将墨西哥腌辣椒、尖椒、熟鸡胸肉切成小块。

2 往烧热的平底锅里倒入橄榄油，开中火，放入墨西哥腌辣椒、尖椒、蒜泥翻炒。

3 锅里加入杂粮饭、菜花米和熟鸡胸肉，翻炒均匀，熄火后加胡椒粉搅拌均匀。

4 将炒饭盛入烤盘中，撒上切丝奶酪，用空气炸锅180℃加热5分钟，撒上胡椒粉、欧芹粉即可。

常备菜

料理前按照“每餐的量×N”计算好食材用量，橄榄油只需准备50%的量即可。推荐用稍大一点儿的锅来炒，再分成小份并撒上奶酪，两三天内要吃的冷藏保存即可。每次食用前要将奶酪加热化开。

圆白菜辣白菜金枪鱼饭卷

早餐 / 午餐 \ 晚餐

辣白菜和金枪鱼罐头作为经典小菜，足以让人迅速吃光一碗饭。在减脂期间，我们可以将辣白菜、金枪鱼、圆白菜和纳豆搭配，这样不仅膳食纤维丰富，而且饱腹感很强。用焯过水的圆白菜包裹住金枪鱼、辣白菜以及纳豆拌饭，卷成精致可口的饭卷，好吃又便捷。

食材

- ○ 杂粮饭110克
- ○ 圆白菜150克
- ○ 金枪鱼罐头1个（100克）
- ○ 纳豆1包（99克）
- ○ 辣白菜（或酸辣白菜）40克（1根）
- ○ 紫菜1张
- ○ 蒜泥1/2勺
- ○ 全谷物芥末酱1/2勺

或者在烤盘内放入圆白菜、半杯水，盖上盖子，用微波炉加热1分30秒。

1 将圆白菜逐层洗净，用开水焯1分钟，沥干。

2 用勺子压出金枪鱼的油脂，沥油。将纳豆搅拌均匀，辣白菜洗净后沥干，切小块。

3 碗里盛入杂粮饭，放入金枪鱼、纳豆、辣白菜、蒜泥、芥末酱搅拌均匀。

圆白菜铺开的面积要比紫菜大一些。

4 将食品级牛皮纸展开成菱形，放上焯过的圆白菜，整齐铺开。

5 在圆白菜上放上紫菜、拌饭，像卷紫菜包饭一样卷起来。

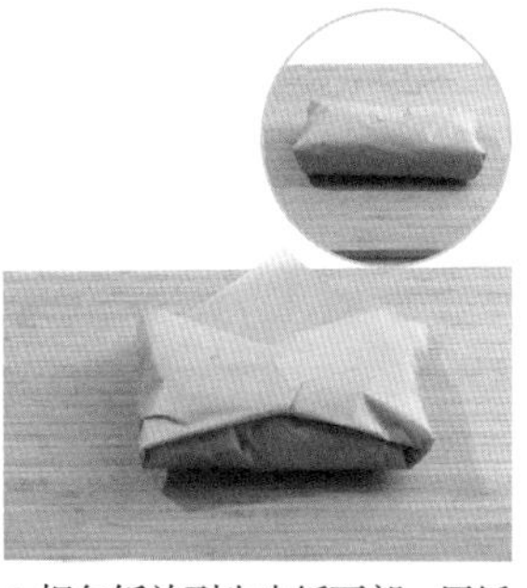

6 把包饭放到牛皮纸下部，用纸卷起来，卷到一半时，再把左右部分朝中间对折，用胶带粘住后再把剩余部分卷起来即可。

荠菜酱炒饭

早餐 / 午餐 \ 晚餐 / 平底锅料理

荠菜作为春天时令蔬菜的代表之一，以其独特的香味和丰富的营养成分深受人喜爱。荠菜的蛋白质含量较高，并且富含维生素及钙，因此春季时可以多吃一些。即使是简单的炒饭，只要搭配上荠菜，就能使菜品的香气更加丰富，瞬间变成一道口味高级的料理。此外，包饭酱和荠菜的味道也是绝配。

食材

- ○ 杂粮饭120克
- ○ 荠菜2把（120克）
- ○ 熟鸡胸肉125克
- ○ 鸡蛋1个
- ○ 白芝麻少许
- ○ 橄榄油1/2勺

酱汁

- ○ 蒜泥1勺
- ○ 包饭酱1/2勺
- ○ 低聚糖1勺
- ○ 紫苏籽油1勺

1 将荠菜处理干净后切成小段，熟鸡胸肉切小块。

2 将酱汁的材料搅拌均匀。

3 往烧热的平底锅里倒入橄榄油，放入荠菜、熟鸡胸肉中火翻炒，再放入杂粮饭、酱汁，翻炒均匀。

4 调小火，在炒饭中间挖一个洞，打入鸡蛋，盖上盖子，待鸡蛋半熟后关火。

5 撒上白芝麻，弄散蛋黄，和炒饭搅拌均匀即可。

荠菜的替代食材

在没有荠菜的季节里，可以用水芹菜、茼蒿、茴芹、苏子叶等香味浓郁的蔬菜代替。切记蔬菜叶越薄，炒制时间要越短，建议最后再放入锅内翻炒。

part 4

消除浮肿与减缓长胖的
快速消肿食谱

不知道大家在减肥时属于哪一种类型？是周末暴饮暴食后再疯狂节食的类型？还是难以持之以恒，动不动就放弃的类型？从现在开始，请不要随便节食，更不要轻言放弃。即使大吃了一顿，只需花费几天时间科学调节饮食，浮肿就会消失，长胖的趋势就会停止。接下来要介绍的这部分食谱，其特点是分量精简，却能带来持久的饱腹感，且味道非常诱人。这样的快速消肿食谱，一定能成为各位的必选料理，并在未来一直坚持做下去。

减脂拌冷面

早餐 / 晚餐 / 凉拌

冷面一直是我最爱的美食，为了在减脂的同时也能享受这份美味，冷面也就成为我减脂料理的研究对象之一。这道料理摒弃了传统碳水化合物含量很高的面条，改以低热量且口感类似的鹰嘴豆面作为主料，再搭配上鸡胸肉、黄瓜以及独家特制的酱汁，使得这款拌冷面美味不减，并且没有长胖负担。

食材

- ○ 鹰嘴豆面1包（150克）
- ○ 熟鸡胸肉100克
- ○ 黄瓜2/3个（105克）
- ○ 白萝卜1块
- ○ 白芝麻少许

酱汁

- ○ 辣椒粉1/2勺
- ○ 蒜泥1勺
- ○ 酱油2/3勺
- ○ 低聚糖2勺
- ○ 醋2勺
- ○ 紫苏籽油1½勺
- ○ 芥末酱1/3勺
- ○ 低糖辣椒酱1/2勺（或辣椒酱1/3勺）

1 黄瓜切丝，白萝卜切片，熟鸡胸肉用手撕条。

2 鹰嘴豆面洗净后沥干，用剪刀剪两三刀。

3 将酱汁搅拌均匀，放入鹰嘴豆面、黄瓜、白萝卜、鸡胸肉搅拌均匀。

4 将拌面盛入碗里，放入黄瓜、白萝卜、鸡胸肉，撒上白芝麻即可。

鸭肉炖娃娃菜

晚餐

在晚上也能轻松享用且毫无负担的鸭肉炖娃娃菜，绝对是一道特别健康的美食。有嚼劲的鸭肉提供了丰富的蛋白质，适当烹调后甜甜的娃娃菜与绿豆芽则赋予了令人满足的饱腹感。特别是高汤调料的巧妙运用，进一步提升了食材本身的美味程度，使得蔬菜炖出的汤汁变得醇厚浓郁、滋味丰富。料理完成后，强烈推荐搭配酸香诱人的紫苏酱汁一同食用。

食材

- ○ 熏鸭肉150克
- ○ 娃娃菜1/2个（300克或娃娃菜叶12片）
- ○ 绿豆芽100克
- ○ 香葱1根（10克）

高汤调料

- ○ 酱油1/2勺
- ○ 鱼露1/2勺
- ○ 水1/2杯

紫苏酱汁

- ○ 紫苏粉2勺
- ○ 柠檬汁1勺
- ○ 酱油1勺
- ○ 低聚糖1/2勺
- ○ 橄榄油1勺
- ○ 水2勺

1 将娃娃菜剥开、洗净，绿豆芽洗净、沥干。

2 将娃娃菜叶切段，香葱切碎。

3 将高汤调料、紫苏酱汁分别搅拌均匀。

4 按照1/2绿豆芽、1/3娃娃菜、1/2熏鸭肉、1/2香葱、1/2绿豆芽、1/3娃娃菜、1/2熏鸭肉、1/3娃娃菜的顺序将食材逐层放入锅中，再倒入高汤调料。

5 盖盖，开中火煮5~8分钟。

6 撒上剩余香葱，搭配紫苏酱汁蘸食。

奶油南瓜鸡

早餐 / 午餐 / 晚餐 / 微波炉料理

当你突然渴望油腻的食物时，不妨尝试将日常食用的鸡胸肉、南瓜等蔬菜以奶油般的口感呈现。通过调整食材搭配和烹饪手法，可以有效降低热量，同时重塑美食的味道，充分满足你对奶油的向往。南瓜的绵软质感和天然甜味进一步提升了焗烤料理的奶油香味，使整道菜更加美味。

食材

- ○ 南瓜1/6个（122克）
- ○ 熟鸡胸肉100克
- ○ 洋葱1/4个（46克）
- ○ 圣女果5个
- ○ 鸡蛋1个
- ○ 番茄酱2勺
- ○ 燕麦奶1/2杯（100毫升或牛奶、无糖豆奶）
- ○ 马苏里拉奶酪15克
- ○ 红辣椒碎少许
- ○ 欧芹粉少许

1 将南瓜切开，去子，在蒸锅中蒸10分钟，静置冷却。

2 南瓜竖切成片，熟鸡胸肉、洋葱切小块，圣女果切成4等份。

3 将南瓜放入烤盘中，放上鸡胸肉、洋葱和圣女果，再倒入番茄酱。

4 慢慢倒入燕麦奶，打入鸡蛋，把蛋黄部分搅散，再撒上马苏里拉奶酪。

5 用微波炉加热2分30秒，静置片刻后再加热2分30秒，撒上红辣椒碎、欧芹粉即可。

鸡蛋豆腐丝包饭

早餐／晚餐

这道鸡蛋豆腐丝包饭不仅让人毫无碳水化合物负担，还可以均衡摄取动植物蛋白质。豆腐丝和鸡蛋丰富的蛋白质，让你即使没吃主食也能远离饥饿困扰。此外，番茄酱的鲜美和尖椒的辣味，使其成为一道美味又健康的减脂佳肴。

食材

- ○ 紫菜1张
- ○ 豆腐丝1包（100克）
- ○ 苏子叶8片
- ○ 鸡蛋2个
- ○ 尖椒（或青椒）2个
- ○ 白萝卜3片
- ○ 番茄酱1勺
- ○ 辣椒粉1/3勺
- ○ 紫苏籽油1/3勺
- ○ 橄榄油1/2勺

1 豆腐丝、苏子叶洗净后沥干。

2 鸡蛋打散，往平底锅里倒入橄榄油，倒入蛋液，煎成鸡蛋皮，盛出冷却。

3 锅中放入豆腐丝、番茄酱、辣椒粉，用中火翻炒均匀后盛出冷却。

4 按照鸡蛋皮、4片苏子叶、豆腐丝、尖椒、白萝卜、4片苏子叶的顺序依次将食材摆放在紫菜上，卷成包饭。

5 在包饭上和刀面上抹紫苏籽油，切成方便食用的大小即可。

特色夏日沙拉

早餐 / 午餐 \ 晚餐

这款沙拉的制作方法相当简单，只需将食材切好拌匀即可。然而，它却能完美展现夏日的清新风味，十分值得推荐。每当提起夏天，首先跃入脑海的水果莫过于西瓜，它在这道沙拉中释放出恰到好处的甜美果汁，为整道菜注入一股沁人心脾的凉爽气息。请大家一定要尝试这款将多种食材的不同口感与甜咸交织的酱料融为一体，口味丰富的夏日沙拉。

食材

- ○ 南瓜100克
- ○ 黄瓜1个（180克）
- ○ 西瓜135克（略少于黄瓜）
- ○ 辣椒1个（7克或苏子叶3片）
- ○ 熟鸡胸肉100克
- ○ 尖椒1个

酱汁

- ○ 罗勒酱2/3勺
- ○ 橄榄油1勺
- ○ 香草盐少许
- ○ 胡椒粉少许

或者把南瓜放入烤盘中，倒入1/3杯水，用微波炉加热5分钟。

1 南瓜切块，去子，蒸10分钟后静置冷却。

2 将南瓜、黄瓜、西瓜、鸡胸肉切丁，香菜切碎，尖椒切圈。

3 碗里放入调配好的酱汁，将切好的食材全部倒入并搅拌均匀。

4 装盘，撒上香菜即可。

抱子甘蓝培根温沙拉

晚餐 / 常备菜 / 空气炸锅料理

尽管清新爽口的冷沙拉备受欢迎，但是能温暖肠胃的温沙拉也同样让人期待，尤其是在寒凉的秋冬季节。在这道温沙拉中，有口感清脆的抱子甘蓝、低脂的猪前腿培根以及软糯可口的水煮土豆，单独品尝每种食材都余味无穷。将它们汇聚在同一盘中，各位一定会体会到妙不可言的美味。

食材

- ○ 抱子甘蓝6个（100克/或圆白菜）
- ○ 水煮土豆1个（120克）
- ○ 猪前腿培根5片（100克）
- ○ 大蒜5瓣（25克）
- ○ 橄榄油2勺
- ○ 有机巴萨米克醋奶油1/2勺
- ○ 意大利奶酪粉少许

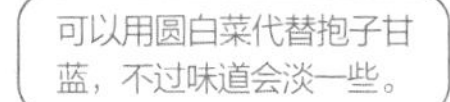

1 将抱子甘蓝切成6等份，水煮土豆、培根切块，大蒜切碎。

2 碗里放入抱子甘蓝、土豆、培根、大蒜，淋橄榄油，搅拌均匀。

3 将拌好的材料放入烤盘中，用空气炸锅180℃烘烤10分钟。

4 放上有机巴萨米克醋奶油和意大利奶酪粉即可。

常备菜

生鲜蔬菜为主的冷沙拉受限于食材的新鲜度，不太适合预制和保存，然而以熟食材为主的温沙拉则可以冷冻保存，因此推荐提前做好。料理前按照“每餐的量×N”计算好食材用量，橄榄油只需准备50%的量即可。建议使用稍大一些的烤盘来加热，再撒上意大利奶酪粉，两三天内要吃的冷藏保存即可，其余的建议冷冻保存。

减脂拌筋面

早餐 / 晚餐

筋道弹牙的面条搭配令人食欲大增的辣甜调料，筋面无疑是很多人的心头好。然而，它的热量比拉面还要高一点儿。为此，我特地带来了这道减脂拌筋面，以低热量的鹰嘴豆面为主料，再搭配上大量新鲜蔬菜。记得一定要搅拌均匀后再吃，这样就能品尝到筋面原有的酸甜美味了。

食材

○ 鹰嘴豆面1/2包（75克）

○ 鸡蛋2个

○ 圆白菜100克

○ 苏子叶5片

○ 胡萝卜1/4个（55克）

○ 豆芽90克（1把）

○ 白芝麻少许

酱汁

○ 白芝麻1/2勺

○ 辣椒粉1勺

○ 蒜泥1/2勺

○ 苹果醋1½勺

○ 低聚糖2大勺

○ 酱油2/3勺

○ 零度雪碧2勺

○ 紫苏籽油1匙

○ 低糖辣椒酱1/2勺（或辣椒酱1/4勺）

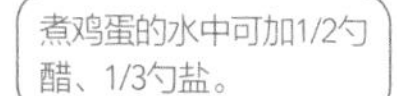

1 鸡蛋煮10分钟以上，充分煮熟后用冷水浸泡，剥皮备用。

2 将圆白菜、苏子叶、胡萝卜切丝，鸡蛋一分为二。

3 锅中放入豆芽，加水（刚好没过豆芽），用大火煮沸后捞出，沥干。

4 鹰嘴豆面洗净后沥干，放入碗中。将酱汁搅拌均匀。

5 面条上放上圆白菜、苏子叶、胡萝卜、豆芽、鸡蛋，倒入酱汁，撒上白芝麻即可。

奶油豆腐汤

早餐 / 晚餐 \ 常备菜

柔滑的奶油汤不仅好喝，还能暖胃，不过其碳水化合物含量也很高，对于正在减重的人来说并非理想之选。因此我用豆腐和猪前腿培根制作了这道奶油豆腐汤，实现了动植物蛋白质的完美平衡。这款汤口感醇厚柔滑，既满足了味蕾享受，又健康养胃。

食材 2餐的量

- ○ 豆腐1块（300克）
- ○ 洋葱1/2个（97克）
- ○ 猪前腿培根5片（98克）
- ○ 无盐黄油10克
- ○ 蒜泥1/2勺
- ○ 快熟燕麦片22克
- ○ 牛奶1½杯（300毫升）
- ○ 欧芹粉1/3勺+少许
- ○ 意大利奶酪粉1/3勺
- ○ 胡椒粉少许

1 将豆腐轻轻冲洗干净，用刀背压碎。

2 洋葱切丁，培根切小块。

3 锅中放入无盐黄油，加热化开后放入洋葱、培根、蒜泥，中火翻炒2分钟。

4 放入豆腐、麦片、牛奶，适度搅拌以防粘锅，煮5分钟后倒入1/3勺欧芹粉，搅匀熄火。

5 装盘，撒上奶酪粉、胡椒粉、欧芹粉即可。

常备菜

不妨一次多做一些奶油豆腐汤，保存起来。料理前按照“每餐的量×N”计算好食材用量，无盐黄油只需准备70%的量即可。冷却后再分成小份，两三天内要吃的冷藏保存，其余的建议冷冻保存。

圆白菜烤吐司

早餐 / 午餐

将稍稍腌制过的圆白菜与酸奶和芥末酱搅拌均匀，就变成了一道爽口沙拉，再将其与香气四溢的猪前腿培根以及吐司的灵魂伴侣——半熟煎蛋盖在刚出炉的烤全麦面包上。只需这简单几步，便完成了一道既健康美味又能开启美好一天的早午餐佳品。

食材

- ○ 全麦面包1片
- ○ 猪前腿培根2片（40克）
- ○ 鸡蛋1个
- ○ 圆白菜90克
- ○ 香草盐（或盐）1/6勺
- ○ 希腊酸奶1勺
- ○ 全谷物芥末酱1/2勺
- ○ 胡椒粉少许
- ○ 红辣椒碎少许
- ○ 橄榄油1/3勺

1 将圆白菜切丝，和香草盐搅拌均匀后静置5分钟，再挤干水分。

2 碗里放入圆白菜、酸奶、芥末酱，搅拌均匀做成沙拉。

3 在干燥的平底锅中放入全麦面包，烤至两面金黄后取出。

4 锅里倒入橄榄油，放入培根和鸡蛋，煎至半熟后盛出。

5 面包上依次放上圆白菜沙拉、培根、煎蛋，撒上胡椒粉、红辣椒碎即可。

辣白菜豆芽燕麦粥

早餐 / 午餐 \ 晚餐 / 常备菜

辣白菜豆芽粥是韩国庆尚道的特色美食，由辣白菜、豆芽与米饭一同烹煮而成，清爽口感中带着一丝辣意，一碗下肚，整个人都会暖和起来，鼻子甚至会微微冒汗。我将它进行了改良，用燕麦片替代了米饭，制作成了减脂燕麦粥。当你感觉身体寒冷或想品尝热腾腾的美食时，这款减脂燕麦粥将是绝佳选择。

食材

○ 豆芽2把（155克）
○ 辣白菜47克（1根）
○ 大葱15厘米（25克）
○ 鸡蛋2个
○ 快熟燕麦片25克
○ 鱼露2/3勺
○ 水2½杯（500毫升）
○ 辣椒粉1/4勺

1 豆芽洗净，辣白菜切块，大葱切片，鸡蛋打散备用。

2 将豆芽、辣白菜、鱼露、水倒入锅中煮沸，再将蛋液绕圈倒入锅中。

3 鸡蛋煮熟后放入燕麦片、大葱，适当搅拌以防煳锅，待麦片吸水膨胀后关火。

4 将粥盛出，撒上辣椒粉、大葱即可。

常备菜

料理前按照“每餐的量×N”计算好食材用量，鱼露只需准备70%的量即可。一两天内要吃的用锅加热即可，其余的建议分成小份冷藏或冷冻保存。

巨无霸紫菜包饭

早餐 / 晚餐

相信你总会有控制不住食欲的时刻，这时不妨试试这道美食，每每品尝都会回味无穷。请你一定要细细品味它，虽为低热量食物，却能充分满足你的食欲。这款分量上能比肩日式粗卷寿司的巨无霸紫菜包饭，一定会缓解你对美食的渴望及减重时的压力。

食材

- ○ 紫菜2张
- ○ 苏子叶8片
- ○ 圆白菜70克
- ○ 海带面1包（180克）
- ○ 蟹肉棒2个
- ○ 奶酪1片
- ○ 尖椒2个
- ○ 白萝卜3片
- ○ 蛋白液2/3杯（130毫升或2个鸡蛋）
- ○ 紫苏籽油1/3勺
- ○ 橄榄油1/2勺

酱汁

- ○ 醋1/2勺
- ○ 是拉差辣酱1勺
- ○ 全素蛋黄酱1勺

1 将苏子叶洗净后沥干，圆白菜切丝，洗净后沥干。

海带面里如果有水分，紫菜包饭很难制作，建议尽可能沥干。

2 将海带面洗净、沥干，蟹肉棒撕成条，奶酪切小片。

倒入蛋白液之前将圆白菜均匀铺开。

3 往平底锅里倒入橄榄油，开大火，将圆白菜炒熟后调成中火，倒入蛋白液制成圆白菜蛋饼。

4 将酱汁搅拌均匀。

5 在1张紫菜的上端并排放上奶酪，再将另一张紫菜的下端盖在奶酪上，将2张紫菜连在一起。

建议参考P19紫菜包饭的做法。

6 紫菜上放圆白菜蛋饼，按照“4片苏子叶、海带面、尖椒、蟹肉棒、白萝卜、4片苏子叶”的顺序依次将食材摆放好，卷成包饭。

7 在包饭上和刀面上抹紫苏籽油，切成适口大小，蘸酱汁食用。

蛋白液

蛋清和蛋黄都是营养全面的天然食物，但需要注意的是，蛋黄中含有脂肪和胆固醇，尽管这些胆固醇对人体有益，但对于正在减重的人来说，需要适当调整摄入量。蛋白液是以蛋清为主要成分的产品，简化了蛋清与蛋黄分离的烦琐过程。不论是为了方便还是希望享受清淡饮食，蛋白液都是一个便捷且实用的选择。

蕨菜酱油蛋黄酱包饭

早餐／午餐

蕨菜富含蛋白质以及维生素A、维生素C和皂苷等成分，对减肥及调节免疫力均有所裨益，是春季不容错过的时令珍蔬。蕨菜独特的味道和爽脆口感颇具吸引力，非常适合用于紫菜包饭，其与众不同的滋味能使平淡无奇的包饭瞬间升级。

食材

- ○ 紫菜1张
- ○ 魔芋饭150克
- ○ 蕨菜4根（40克）
- ○ 胡萝卜1/5根（40克）
- ○ 天贝100克
- ○ 白萝卜3片
- ○ 酱油2/3勺
- ○ 低聚糖1/2勺
- ○ 紫苏籽油少许
- ○ 全素蛋黄酱2/3勺
- ○ 橄榄油1/2勺

可以用芦笋代替蕨菜。

1 蕨菜洗净、去根，胡萝卜切丝，天贝切薄片。

建议先将蕨菜梗部焯30秒，再全部焯20秒。

2 蕨菜放入沸水中快速焯一下，沥干后加入酱油、低聚糖、紫苏籽油拌匀。

天贝翻面时再放入胡萝卜。

3 往烧热的平底锅里倒入橄榄油，放入天贝烤至两面金黄色，将胡萝卜轻轻翻炒一下。

建议参考P19紫菜包饭的做法。

4 在紫菜上铺上魔芋饭，按照白萝卜、天贝、蕨菜、胡萝卜的顺序依次摆放好食材，淋蛋黄酱，卷成包饭。

5 在包饭上和刀面上抹紫苏籽油，切成适口大小。

蕨菜富含蛋白质、维生素A、维生素C及皂苷等多种营养成分，是助力减重、调节免疫力的理想食材。可以将蕨菜略微焯水处理，这样做能有效提升营养素的吸收率。特别是在春季，建议多食用蕨菜。

玫瑰番茄鸡蛋汤

早餐 / 晚餐 \ 常备菜

番茄稍稍用油翻炒，其营养成分的吸收率会显著提升，同时味道也会更加鲜美。因此我经常会将番茄、鸡蛋、西蓝花一起炒着吃。在此基础上，我加入了燕麦奶，一道健康美味的汤便宣告完成。这道汤不仅味道浓郁、健康满分，而且非常适合提前烹煮。我有信心这道美味一定不会让你后悔。

食材

- ○ 圣女果5个
- ○ 西蓝花1/4个（66克）
- ○ 洋葱1/4个（50克）
- ○ 鸡蛋2个
- ○ 燕麦奶1杯（200毫升或牛奶、无糖豆奶）
- ○ 奶酪1片
- ○ 番茄膏（或番茄酱）1勺
- ○ 辣椒粉1/3勺
- ○ 咖喱粉1/3勺
- ○ 低聚糖2/3勺
- ○ 胡椒粉少许
- ○ 欧芹粉少许
- ○ 橄榄油1勺

1 将圣女果切成4等份，西蓝花切小块，洋葱切厚片。

2 往烧热的平底锅里放入1/2勺橄榄油，打入鸡蛋，小火翻炒，待鸡蛋七成熟后盛出。

3 在锅里放入1/2勺橄榄油，放入圣女果、西蓝花、洋葱翻炒。

4 待洋葱炒至半透明后放入鸡蛋、燕麦奶、奶酪、番茄膏、辣椒粉，不停搅拌，煮熟后加入咖喱粉、低聚糖，搅拌均匀后关火。

5 装盘，撒上胡椒粉、欧芹粉即可。

常备菜

制作这道汤只要放入所有食材，然后煮熟就可以了，很适合预制保存。料理前按照“每餐的量×N”计算好食材用量，橄榄油只需准备50%的量即可。一两天内要吃的用锅加热即可，其余的建议分成小份冷藏或冷冻保存。

腌紫甘蓝鸡蛋三明治

早餐 / 午餐 \ 零食 / 晚餐

建议使用P212腌紫甘蓝

这道三明治使用的并非生鲜紫甘蓝，而是腌制过的，其中富含花青素、蛋白质、膳食纤维及钙等多种营养成分。在发酵过程中，紫甘蓝中的乳酸菌含量随之增多，对于减脂人群来说更为适宜。将腌制后的紫甘蓝沥干放入三明治中，不仅能为其增添独特的嚼劲，提升饱腹感，还有助于维护肠胃健康。

食材

- ○ 全麦面包2片
- ○ 鸡蛋2个
- ○ 奶酪1片
- ○ 鸡胸肉午餐肉4片（50克）
- ○ 罗马生菜（或生菜）8片
- ○ 腌紫甘蓝（参考P212）120克
- ○ 橄榄油1/2勺

1 罗马生菜洗净、沥干，腌紫甘蓝沥干。

2 将面包片放入干燥的平底锅中，烤至两面金黄后盛出。

3 锅中倒入橄榄油，打入鸡蛋，煎熟后盛出。

建议参考P18三明治的包装方法。

4 将食品级牛皮纸铺平，按照“1片面包、奶酪、鸡胸肉午餐肉、腌紫甘蓝、煎蛋、罗马生菜、1片面包”的顺序依次摆放好食材。

5 按照6：4的比例分成2份，分别作为正餐和零食食用。

圆白菜豆腐辣白菜包饭

早餐 / 晚餐

热气腾腾的豆腐加上炒辣白菜，再用紫菜包着吃，看似是一道理想的减脂餐，但炒辣白菜中所含的盐分和油脂却不可忽视。在这道料理中，我用少许辣白菜搭配圆白菜，保持口感的同时减少了咸味，此外添加了尖椒来增添辣味，即使不搭配米饭，这款菜肴也能让人感到肠胃舒适，可以说是一顿让人回味无穷的美味佳肴。

食材

- ○ 紫菜3张
- ○ 圆白菜130克
- ○ 尖椒2个
- ○ 辣白菜50克（1½根）
- ○ 豆腐2/3块（200克）
- ○ 辣椒粉1/4勺
- ○ 紫苏籽油1勺
- ○ 白芝麻少许
- ○ 橄榄油1/2勺

1 将圆白菜、辣白菜切小块，尖椒切圈，紫菜用剪刀剪开。

2 豆腐切块，放入沸水中焯1分钟，沥干。

3 往烧热的平底锅里倒入橄榄油，放入圆白菜、尖椒、辣白菜翻炒，待圆白菜变软后撒上辣椒粉继续翻炒。

4 炒熟后关火，放紫苏籽油、白芝麻搅拌均匀。

5 装盘，再放上紫菜、豆腐，撒上白芝麻，吃时用紫菜包入其他食材即可。

熏鸭苏子叶包饭

早餐 / 午餐 \ 晚餐

紫菜包饭一直被认为是高碳水化合物食物，不太适合正在减肥的人。不过只要调整配比，它同样能变成一款营养均衡、有利于减重的健康美食。为了包饭不易散开，通常需要足够的米饭填入其中，不过在这道减脂包饭中，我用适量奶酪替代了米饭的用量，即使只用一点儿米饭，也能制作出美味又健康的紫菜包饭。

食材

- ○ 紫菜1张
- ○ 魔芋饭1/2包（75克）
- ○ 熏鸭肉130克
- ○ 苏子叶10片
- ○ 尖椒2个
- ○ 白萝卜3片
- ○ 奶酪1片
- ○ 紫苏籽油1/3勺

1 将苏子叶洗净、沥干，尖椒去蒂。

或者将熏鸭肉放入过滤网中，倒开水焯一下。

2 将熏鸭肉放入沸水中焯30秒，沥干，将奶酪切开。

3 在距离紫菜底部1/3处铺上奶酪，再在奶酪上下都铺上魔芋饭。

4 按照“5片苏子叶、白萝卜、熏鸭肉、尖椒、5片苏子叶”的顺序在魔芋饭上依次摆放好食材，卷成包饭。

5 在包饭上和刀面上抹紫苏籽油，切成适口大小即可。

荠菜山蒜燕麦饼

早餐／晚餐

在减肥期间一般不推荐吃普通煎饼，不过荠菜山蒜燕麦饼却是个健康的选择，它富含优质碳水化合物、蛋白质等多种营养成分。散发着春天气息的荠菜搭配上香酥紫菜，再用健康的燕麦片和鸡蛋代替传统面粉，将这些食材混合起来制成的煎饼满载春日田野的香气。最后再配上酸甜可口的意大利巴萨米克醋酱汁，你就能品尝到颇有季节特色的幸福滋味了。

食材

- ○ 荠菜65克（1～1½把）
- ○ 山蒜25克
- ○ 快熟燕麦片20克
- ○ 鸡蛋2个
- ○ 紫菜2张
- ○ 橄榄油1勺

酱汁

- ○ 巴萨米克醋1勺
- ○ 酱油1/2勺
- ○ 紫苏籽油1/2勺
- ○ 山蒜2/3勺

用来调酱汁的山蒜可以稍微切大一点儿，准备2/3勺即可。

1 荠菜和山蒜择净后冲洗干净，荠菜切小段，山蒜切碎。

2 将酱汁搅拌均匀。

3 在碗里放入荠菜、山蒜、燕麦片、撕碎的紫菜，打入鸡蛋，搅拌成面糊。

4 在烧热的锅里倒入橄榄油，倒入面糊，中火烤至两面金黄后盛出，蘸酱汁吃。

part 5

在家就能做的
改良版减脂美食

每当饥肠辘辘时，你是否习惯性地打开外卖软件，或是怀念那些曾在餐厅中大快朵颐的熟悉味道？快尝试一下本章中我为你精心准备的改良版美食。无论是饺子、面包还是法式吐司等早午餐，甚至是咖啡的完美伴侣——贝果，每一道都还原甚至超越了原本的诱人风味，让各位在满足口腹之欲的同时无惧热量负担，成功抵御外出就餐与吃外卖的诱惑。

麻辣拌面

早餐 / 午餐 \ 晚餐

麻辣香锅等麻辣味的菜以其令人欲罢不能的香辣魅力，备受食客青睐，然而较高的热量及刺激性仍然不容忽视。为满足大家对麻辣味的向往，我带来了这款麻辣拌面。不同于传统麻辣香锅的炒制方式，这款拌面采用了更为健康的麻辣拌做法。尽管没有加入粉条或土豆粉等常见配料，但豆腐丝这一理想替代品，依然能带给大家强烈的口感冲击。从此，你不必再克制对麻辣美味的追求，这款麻辣拌面将是你解馋的新选择。

食材

- ○ 豆腐丝1包（100克）
- ○ 青菜1棵（85克）
- ○ 蟹味菇1把（55克）
- ○ 香菜2根（10克/可选）
- ○ 绿豆芽1把（60克）
- ○ 越南春卷皮2张

麻辣酱汁 2餐的量

- ○ 辣椒粉1/2勺
- ○ 蒜泥1/2勺
- ○ 醋1勺
- ○ 低聚糖1勺
- ○ 藤椒油（或花椒油）1/2勺
- ○ 蚝油2/3勺
- ○ 无糖花生酱1勺
- ○ 麻辣香锅调味料2勺

藤椒油、麻辣香锅调味料

藤椒油：制作麻辣味料理时经常使用的麻辣味调味料。在购买只含有菜籽油和花椒油的产品时，建议选择花椒油含量高的产品。

麻辣香锅调味料：可以在超市或网上买到，但产品过咸，建议按产品配方调节用量，自制健康的调味料。

1 所有蔬菜择洗干净，蟹味菇撕成条，香菜切小段。

2 豆腐丝洗净、沥干，越南春卷皮切成4等份。

3 将豆腐丝、青菜、蟹味菇放入沸水中焯30秒，放入绿豆芽焯30秒，再放入越南春卷皮慢慢搅拌，煮熟后关火，静置10秒后将所有食材捞出，沥干。

4 将麻辣酱汁的材料搅拌均匀。

5 碗里放入焯过的食材，加入2勺麻辣酱汁搅拌均匀，撒上香菜即可。

罗勒番茄希腊贝果

早餐 / 午餐 \ 零食

初尝某著名餐厅的人气餐品——罗勒番茄希腊培根贝果时，那惊艳的味道至今让我仍记忆犹新。为了能在享受美食的同时兼顾健康和减脂，我对这道美食进行了改良：用全麦贝果替换了常规的面粉贝果，又加入了富含活性乳酸菌的酸奶以及和乳酸菌搭配的低聚果糖。改良版贝果一定会给大家带来意想不到的惊喜。

食材 2餐的量

- ○ 全麦贝果1个
- ○ 洋葱1/6个（30克）
- ○ 番茄干（或P210空气炸锅圣女果干）7个
- ○ 希腊酸奶3勺
- ○ 番茄酱1勺
- ○ 低聚果糖（或低聚异麦芽糖）1/2勺
- ○ 罗勒酱2/3勺

1 将全麦贝果横切，放入空气炸锅中，190℃烘烤5分钟。

2 洋葱切碎，番茄干切小块。

3 将番茄干、酸奶、番茄酱、低聚果糖混合拌匀，制成番茄奶油。

4 将洋葱和罗勒酱充分混合拌匀，制作成洋葱罗勒酱。

低聚果糖

低聚果糖是培养益生菌（乳酸菌）的营养成分之一，在制作这道料理时，建议搭配含有乳酸菌的酸奶产品以提升健康功效。需要注意的是，低聚果糖用70℃以上的高温长时间加热，其甜度可能会有所下降，所以做热食时，选用更为耐热的低聚异麦芽糖会更为适宜。

5 一片贝果涂上洋葱罗勒酱，另一片涂上番茄奶油。

6 将2片贝果相叠，按照6：4的比例切分，分别当作早餐和午餐，或正餐和零食食用。

蛋白片烤肉丸

早餐 / 午餐 \ 晚餐 / 常备菜 \ **空气炸锅料理**

每当想念酥脆可口的传统油炸肉丸时，我都会制作这道料理，摒弃了面粉，以鸡胸肉搭配蛋白片，再加上少许橄榄油进行烤制，即可创造出这款富含蛋白质的烤肉丸，有助于增强饱腹感，是理想的健康饮食之选。

食材 3餐的量

- ○ 蛋白片2包（80克）
- ○ 鸡胸肉300克
- ○ 尖椒2个
- ○ 鸡蛋1个
- ○ 马苏里拉奶酪45克
- ○ 橄榄油1½勺

1 把蛋白片放入搅拌机中，搅碎后盛出。

2 把鸡胸肉、尖椒放入搅拌机中，搅碎后盛出。

3 碗里放入约2/3蛋白片碎、鸡胸肉和尖椒，打入鸡蛋，搅拌成糊。

4 将肉糊分成3等份，压平，在中间放上马苏里拉奶酪，再包成椭圆的肉丸。

5 裹上剩余蛋白片碎。

每餐吃一个肉丸，剩下的建议冷藏，食用前加热即可。

6 肉丸表面抹橄榄油，用空气炸锅180℃烘烤15分钟，翻面后200℃再烤10分钟。

蛋白片

一种在谷物粉中添加蛋白质和调料制成的饼干。采用无油烘焙，用烤箱烤制，是一款低热量且富含蛋白质的健康零食，非常解馋，可以用于制作烤肉丸、沙拉、比萨等多种料理。

金枪鱼沙拉紫菜包饭

早餐 / 午餐

这款紫菜包饭是备受欢迎的人气美食之一。只要是喜欢金枪鱼蛋黄酱包饭的人，一定会立马爱上这道美食。我用清脆的蔬菜和去油金枪鱼代替了蛋黄酱，同时加入了希腊酸奶和全谷物芥末酱，既保留了紫菜包饭的美味，更增添了健康元素。即便是享用完一整条也不会觉得腻，而且饱腹感十足，更无须担心会发胖，实乃健康美食的上乘之选。

食材

- ○ 紫菜1½张
- ○ 魔芋饭1包（150克）
- ○ 苏子叶8片
- ○ 沙拉蔬菜1½把
- ○ 尖椒2个
- ○ 白萝卜4片
- ○ 金枪鱼罐头1个（100克）
- ○ 奶酪1片
- ○ 全谷物芥末酱1/2勺
- ○ 希腊酸奶1勺
- ○ 紫苏籽油1/2勺

1 将苏子叶、沙拉蔬菜洗净、沥干，尖椒去蒂。

2 用勺子压出金枪鱼的油脂，奶酪切成3等份。

3 在碗里放入沙拉蔬菜、金枪鱼、芥末酱 、酸奶，搅拌均匀，制成金枪鱼沙拉。

米饭的温热会使奶酪化开，让紫菜粘在一起，不容易脱落。

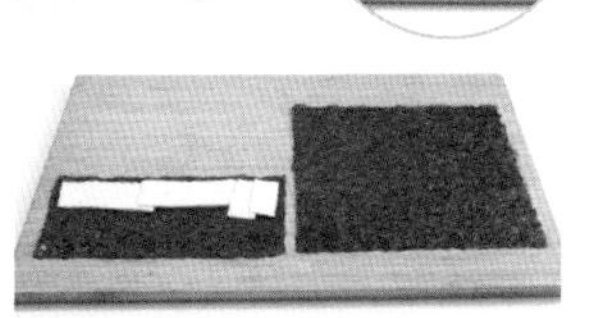

4 在1/2张紫菜的上端并排放上奶酪，再将另一张紫菜的下端贴到奶酪上，这样2张紫菜就能连在一起了。

建议参考P19紫菜包饭的做法。

建议将紫菜的连接处与桌面贴合，放置片刻后，紫菜会因食材中析出的水分而变得更加牢固。

5 往紫菜上铺上魔芋饭，按照“4片苏子叶、尖椒、白萝卜、金枪鱼沙拉、4片苏子叶”的顺序依次摆放好食材，卷成包饭。

6 在包饭上和刀面上抹紫苏籽油，切成适口大小即可。

减脂鱼饼汤

早餐 / 晚餐

尽管鱼饼是以鱼肉为主要原料，富含蛋白质，但市售的鱼饼面粉较多，碳水化合物含量较高。因此，减重期间建议选择鱼肉含量90%以上的鱼饼。将这种鱼肉含量高、口感好的高蛋白鱼饼放入水中煮沸，熬出的汤汁清淡不咸，再加入低热量的魔芋面，快快享用这碗热气腾腾的健康鱼饼汤吧。

食材 2餐的量

- ○ 鱼饼1包（130克）
- ○ 鸡蛋2个
- ○ 香菇5个（70克）
- ○ 白萝卜1/4个（320克）
- ○ 大葱24厘米（50克）
- ○ 鲣鱼干3克+少许
- ○ 魔芋宽面1包（180克）
- ○ 蒜泥1勺
- ○ 酱油1勺
- ○ 韩式然豆汁2勺（或鱼露1大勺）
- ○ 醋2/3勺
- ○ 水3½杯（700毫升）

1 将鸡蛋放入水中煮10分钟以上，用冷水浸泡片刻后剥皮。将魔芋宽面冲洗干净。

2 将鱼饼、香菇、白萝卜、大葱切小块。

3 将水、白萝卜放入锅中，中火煮沸，再加入香菇、蒜泥、酱油、韩式然豆汁继续煮。

4 待白萝卜煮至半透明后加入大葱、鱼饼、3克鲣鱼干、鸡蛋、魔芋宽面，煮熟后加醋搅拌均匀。

5 盛出装盘，撒上少许鲣鱼干即可。

鱼饼

一般的鱼饼产品中面粉较多，建议购买鱼肉含量在90%以上的产品。

葱香培根烤吐司

早餐 / 午餐

大葱不但适合当炒菜的作料，还可以用来制作面包，每当需要增添一抹独特的风味时，大葱便成为首选食材。在这道料理中，我将大葱与鸡蛋碎、培根及希腊酸奶混合拌匀，制作出葱香奶油。大葱的微妙辛辣味能够去除奶油本身的油腻，还能使整体口感达到一种美妙的平衡。

食材

- ○ 全麦面包1片
- ○ 鸡蛋2个
- ○ 大葱23厘米（32克）
- ○ 猪前腿培根2片（38克）
- ○ 希腊酸奶75克
- ○ 胡椒粉少许
- ○ 香草（可选）少许

1 鸡蛋煮10分钟以上，用冷水浸泡片刻后剥皮。

2 大葱切碎，鸡蛋用叉子捣碎。

3 在干燥的平底锅里放入面包，烤至两面金黄，放入切成小块的培根烤熟。

4 碗里放入鸡蛋、大葱、培根、酸奶、胡椒粉，搅拌均匀，制成葱香奶油。

5 在面包上倒上葱香奶油，放上香草即可。

减脂豆腐饺

早餐 / 午餐 \ 晚餐

传统的饺子虽然美味，但碳水化合物含量较高。因此在这道料理中，我用越南春卷皮替代饺子皮，馅料选用豆腐、鸡胸肉和蔬菜，制作出这道美味又健康的减脂版豆腐饺子，其味道丝毫不亚于传统饺子。建议不妨多做一些，与家人一起分享这道美食。

食材 2餐的量

- 越南春卷皮6张
- 杏鲍菇1个（85克）
- 辣白菜58克（1根）
- 韭菜37克（1/3把）
- 豆腐1块（300克）
- 鸡胸肉165克
- 辣椒粉2/3勺
- 蒜泥1勺
- 蚝油1/2勺
- 橄榄油1勺+喷雾少许

1 把杏鲍菇、辣白菜放入搅拌机中搅碎，加入韭菜再搅拌一次后盛出。

2 将豆腐、鸡胸肉放入搅拌机中搅碎。

3 将处理过的豆腐和鸡胸肉放入烧热的平底锅中，大火炒至水分完全蒸发。

4 加入搅碎的蔬菜、辣椒粉、蒜泥、蚝油、1勺橄榄油，炒3分钟制成饺子馅。

5 越南春卷皮用热水稍稍浸泡后取出，在菜板或盘子上铺平。

6 在越南春卷皮中间放饺子馅，两边对折捏紧。

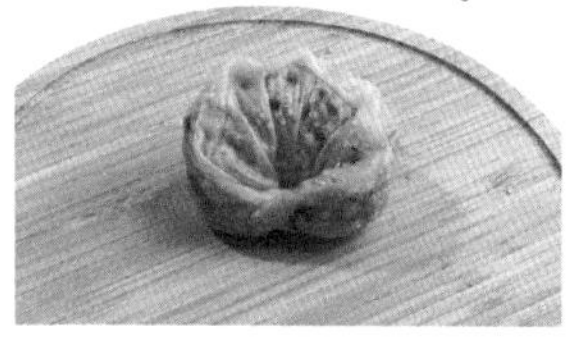

7 把越南春卷皮左右两端拉到中间卷起来，捏紧即可。

越南春卷皮沙拉三明治

早餐 / 午餐 \ 晚餐 / 零食 \ 常备菜

不知道大家有没有这样的困扰，前一天准备的午餐便当三明治，因为面包吸水变软而味道大打折扣。为此，不妨试一试这块隔夜保鲜三明治吧。秘诀在于我在三明治中间加入了越南春卷皮，它能有效隔离馅料释放的水分，防止面包变软。这样一来，即便是前一天晚上制作的三明治，次日食用时也能保持刚出炉般的鲜美口感。

食材

- ○ 全麦面包2片
- ○ 越南春卷皮2张
- ○ 洋葱1/6个（28克）
- ○ 黄瓜1/2个
- ○ 蟹肉棒2个
- ○ 豆腐丝1包（100克）
- ○ 切丝奶酪（或马苏里拉奶酪）15克
- ○ 是拉差辣酱1/2勺
- ○ 全素蛋黄酱1大勺

1 洋葱切丝，黄瓜斜切成薄片，蟹肉棒撕成细条，豆腐丝洗净、沥干。

2 碗里放入豆腐丝、蟹肉棒、洋葱、奶酪、辣酱、全素蛋黄酱混合拌匀，制成豆腐丝沙拉。

3 在干燥的平底锅中放入面包片，烤至两面金黄后盛出冷却。

建议参考P18三明治的包装方法。

4 将食品级牛皮纸铺平，按照“1片面包、1张越南春卷皮、1/2黄瓜、豆腐丝沙拉、1/2黄瓜、1张越南春卷皮、1片面包”的顺序依次摆放好食材，包起来。

常备菜

传统三明治馅料中析出的水分易导致面包吸水后变软，不适合预制。改用越南春卷皮来包裹馅料，就能有效阻隔水分，即使制作完成后一两天再食用，仍能保持较好的口感。建议提前做好两三天的量，放入冰箱冷藏保存。

5 食用时按照6：4的比例分成2份，分别作为正餐和零食食用。

高蛋白炒辣椒酱包饭

早餐 / 午餐

自制的辣酱炒鸡不仅富含蛋白质，而且味道鲜美，再搭配上健康的豆腐丝，就能制作出一碗美味的拌菜。在此基础上，我又加入了魔芋饭、奶酪以及酥脆爽口的生菜和腌白萝卜，一并卷入紫菜中。只需辣酱炒鸡，便能轻松调制出口感与营养兼具的紫菜包饭。

食材

- ○ 紫菜1½张
- ○ 糙米魔芋饭150克
- ○ 豆腐丝100克
- ○ 罗马生菜（或生菜）6片
- ○ 腌白萝卜1个
- ○ 辣酱炒鸡2勺（参考P200或辣椒金枪鱼2～3勺）
- ○ 奶酪1片
- ○ 紫苏籽油1/3勺

1 将豆腐丝、罗马生菜洗净、沥干。

2 在豆腐丝中加入辣酱炒鸡，搅拌均匀。

3 将奶酪分成3等份，在1/2张紫菜的末端并排放上奶酪，再将另一张紫菜的下端贴在奶酪上。

4 紫菜上铺上糙米魔芋饭，按照“3片生菜、豆腐丝、腌白萝卜、3片生菜”的顺序依次摆放好食材，卷成包饭。

5 在包饭上和刀面上抹紫苏籽油，切成适口大小即可。

山葵三文鱼烤吐司

早餐／午餐

搭配三文鱼与奶油奶酪的烤吐司堪称经典，不过很容易让人感到油腻。因此在这道料理中，我对原有配方稍加改良，用希腊酸奶替代了奶油奶酪，同时搭配可以消除油腻感的洋葱、香葱和山葵。这样的全新搭配，即使吃到最后一口也能保持清爽不腻的独特风味。

食材

- ○ 全麦面包1片
- ○ 熏制三文鱼85克
- ○ 洋葱1/8个（27克）
- ○ 香葱1根（13克）
- ○ 希腊酸奶100克
- ○ 山葵1/3大勺
- ○ 低聚糖1勺

1 将洋葱切碎，香葱切葱花。

2 在干燥的平底锅中放入面包片，烤至两面金黄。

3 碗里放入洋葱、香葱、酸奶、山葵、低聚糖，搅拌均匀，制成酱料。

4 把酱料均匀地抹在面包上，再放上熏制三文鱼，撒上香葱即可。

圆白菜奶油炖鸭

早餐 / 午餐 \ 常备菜

若在减重期间渴望享受精致高级的奶油炖菜，不妨尝试制作这道健康减脂的圆白菜奶油炖鸭。用低脂的燕麦奶替换传统牛奶，再搭配富含膳食纤维的圆白菜，满满都是呵护肠胃的健康食材。此外，炖煮软糯的土豆和富有嚼劲的熏鸭肉，为炖菜增添了丰富的层次与浓厚的风味。这道料理丰富的食材搭配，一定会让你感到满足。

食材

- ○ 土豆1个（105克）
- ○ 圆白菜120克
- ○ 熏鸭肉130克
- ○ 大蒜3瓣（14克）
- ○ 燕麦奶（或牛奶、无糖豆奶）1杯
- ○ 浓汤宝（液体）1/2包（7克或鸡精1/3勺）
- ○ 无糖花生酱1/2勺
- ○ 胡椒粉少许
- ○ 意大利奶酪粉少许

1 土豆去皮、切小块，圆白菜、熏鸭切小块，大蒜剁碎。

2 将土豆、圆白菜、熏鸭肉、蒜碎放入烧热的平底锅中，大火炒至圆白菜变软发蔫。

煮到土豆熟透为止。

3 倒入燕麦奶、浓汤宝，边煮边搅拌，再加入花生酱搅拌至化开。

4 装盘，撒上胡椒粉和意大利奶酪粉即可。

常备菜

炖菜只需要把所有食材煮熟即可，很适合预制。料理前按照“每餐的量×N”计算好食材用量，浓汤宝、无糖花生酱只需准备70%的量即可。一两天内要吃的，吃之前用锅加热即可，其他的建议冷冻保存。

红薯蟹肉包饭

早餐 / 午餐 \ 晚餐

软糯甘甜的红薯搭配酸甜适口的辣白菜，这一对完美搭档无疑能激发食欲，让人回味无穷。我也将这一黄金组合运用到紫菜包饭的制作中，我用煮熟的红薯代替米饭，再搭配鸡蛋和蟹肉棒，满满的都是蛋白质。洗去了盐分的辣白菜，加上辛辣的尖椒和清脆爽口的黄瓜，共同构成了多层次的丰富口味，味道极佳。

食材

- ○ 紫菜1张
- ○ 红薯100克
- ○ 鸡蛋2个
- ○ 黄瓜1/2根（100克）
- ○ 蟹肉棒2个
- ○ 尖椒2个
- ○ 辣白菜（或酸辣白菜）30克（1根）
- ○ 紫苏籽油1/3勺
- ○ 橄榄油1/3勺

1 锅里放入红薯，加水没过红薯，盖盖煮10分钟，捞出去皮，冷却后捣碎。

2 鸡蛋打散，在烧热的平底锅里倒入橄榄油，倒入蛋液，制成蛋饼。

蟹肉棒开封前建议稍微揉搓一下，这样更容易沿着纹理撕成细条。

3 黄瓜切丝，蟹肉棒撕成条，尖椒去蒂，辣白菜洗净后挤干水分。

建议参考P19紫菜包饭的做法。

4 紫菜上铺上蛋饼，再均匀铺上捣碎的红薯，再依次放上黄瓜、尖椒、蟹肉，最后盖上辣白菜，卷成包饭。

5 在包饭上和刀面上抹紫苏籽油，切成适口大小即可。

法式吐司沙拉

早餐／午餐

这道料理就像酒店里的精致餐点那般色香味俱全，让人一尝，心情也随之明媚起来。把全麦面包浸泡在蛋液中，用椰子油将其煎至金黄酥脆，搭配用剩余蛋液炒制的柔软的炒蛋，再加上美味的烤培根，最后收尾的香蕉和枫糖浆能带来天然的甜味。这道沙拉定能唤醒你味蕾深处对酒店早餐的美好记忆。

食材

- ○ 全麦面包1片
- ○ 鸡蛋2个
- ○ 猪前腿培根2片（37克）
- ○ 有机嫩叶蔬菜2把（25克）
- ○ 圣女果5个
- ○ 香蕉1/2个
- ○ 枫糖浆1/2勺（或低聚糖1勺）
- ○ 椰子油（或橄榄油）1/2勺

1 将嫩叶蔬菜、圣女果洗净、沥干。

2 全麦面包切成4等份，香蕉、圣女果对半切开。

3 鸡蛋打散，将面包放入蛋液中充分浸泡。

4 往烧热的平底锅里倒入椰子油，放入面包，烤至两面金黄。

5 盛出面包，倒入剩余蛋液炒熟，同时放入培根烤熟。

6 把面包、炒蛋、培根、香蕉、圣女果和嫩叶蔬菜装盘，再淋上枫糖浆即可。

香肠年糕串

早餐 / 午餐 \ 零食 / 空气炸锅料理

香肠年糕串可以说是超人气的小零食，弹性十足的年糕与香气扑鼻的香肠交织出令任何人都难以抗拒的美味。然而对于减重者来说，要尽量避免年糕这种碳水化合物含量很高的食物。因此在这道料理中，我用蛋清和越南春卷皮制作的低碳水年糕代替了传统年糕，此外，考虑到环保，我还用全麦意大利面来代替木扦，可谓一举两得。

食材

- ○ 鸡胸肉肠100克
- ○ 越南春卷皮4张
- ○ 蛋白液1杯（或鸡蛋2个）
- ○ 杏仁3个
- ○ 全麦意大利面5根
- ○ 欧芹粉少许
- ○ 橄榄油1½勺

酱汁

- ○ 辣椒粉4勺
- ○ 蒜泥1/3勺
- ○ 有机番茄酱1勺
- ○ 低聚糖1勺
- ○ 低糖辣椒酱（或辣椒酱）1/4勺

1 在平底锅里倒入1/2勺橄榄油和1/2杯蛋白液，制作蛋清饼，用同样的方法做2个蛋清饼，各分成2等份。

2 越南春卷皮用热水稍浸泡后取出铺平，放上蛋饼卷起，放入冰箱冷藏5分钟，制成米纸年糕。

3 鸡胸肉肠用刀划口，杏仁用刀背压碎，米纸年糕切段。

4 把捣碎的杏仁和酱汁材料搅拌均匀。

5 把1/2勺橄榄油均匀涂抹在鸡胸肉肠、年糕表面，空气炸锅180℃加热5分钟，翻面后再加热5分钟，盛出冷却。

6 将5条意大利面分成2等份，做成10根面条，每2根面条叠在一起，交替插上鸡胸肉肠和年糕，制成香肠年糕串。

7 在年糕串表面均匀涂抹上酱汁，撒上杏仁、欧芹粉即可。

黄瓜金枪鱼烤吐司

早餐 / 午餐

这道黄瓜金枪鱼烤吐司的外形颇受人喜爱，而且制作方法简单，口感独特，所有人都会喜欢。腌制后去除水分的黄瓜，搭配细腻清香的罗勒奶油金枪鱼，两种食材的交融呈现出一种既熟悉又高级的独特风味。

食材

- ○ 全麦面包1片
- ○ 黄瓜2/3个
- ○ 金枪鱼罐头1个（100克）
- ○ 蒜泥1/3勺
- ○ 希腊酸奶2勺
- ○ 罗勒酱2/3勺+少许
- ○ 香草盐（或盐）1/5勺
- ○ 胡椒粉少许

1 将黄瓜切成圆薄片，加入香草盐搅拌均匀，腌制10分钟后挤干水分。

2 用勺子压出金枪鱼的油脂，沥油后加入蒜泥、酸奶和2/3勺罗勒酱混合拌匀。

3 在干燥的平底锅里放入面包，烤至两面金黄。

4 在面包上均匀抹上约2/3的罗勒金枪鱼，再码上腌好的黄瓜，撒上胡椒粉。

5 将剩下的罗勒金枪鱼捏成球，放在面包上，再用黄瓜、少许罗勒酱点缀即可。

罗勒牛油果三明治

早餐／午餐

希腊酸奶不仅可以直接食用，还能作为各式配菜和酱汁的底料。将希腊酸奶和罗勒酱融合，又能创造出另一种风味独特的罗勒奶油。在这道料理中，我在罗勒奶油中加入了黄金奇异果、鸡胸肉，制作出了这款甜咸相间的三明治，其美味丝毫不逊色于那些网红餐厅的特色三明治。

食材

- ○ 全麦面包1张
- ○ 熟鸡胸肉100克
- ○ 牛油果1/2个
- ○ 生菜7片
- ○ 黄金奇异果1/2个
- ○ 洋葱1/7个（15克）
- ○ 青椒1/4个（19克）
- ○ 希腊酸奶30克
- ○ 罗勒酱2/3勺

1 生菜洗净、沥干，奇异果连皮一起洗净。

奇异果皮富含膳食纤维、叶酸和维生素，连皮一起食用更有嚼劲，口感会更好。

2 洋葱、青椒切丝，奇异果连皮一起切成圆片，熟鸡胸肉撕成条。

建议在牛油果上涂食用油，用保鲜膜包裹后冷藏保存，以防止和空气接触。

3 牛油果去皮后切成薄片，轻轻挤压，以保持形状整齐。

4 在干燥的平底锅中放入面包，烤至两面金黄。

5 碗里放入鸡胸肉、洋葱、酸奶、罗勒酱充分混合拌匀，制成罗勒鸡肉奶油。

建议参考P18三明治的包装方法。

6 将食品级牛皮纸铺平，按照“面包、牛油果、青椒、罗勒鸡肉奶油、奇异果、生菜”的顺序依次摆放好食材，再用纸包起来。

7 食用时切分开即可。

蛋白粉香肠面包

早餐 / 午餐 \ 晚餐

这款香肠面包不含面粉，也不需要烤箱。用燕麦粉和蛋白粉制成的黏稠面饼搭配香肠，像鸡蛋卷一样卷起来即可。口味独特，是不同于一般香肠面包的甜咸风味，且富含蛋白质，食用时别忘了搭配上可以提鲜的酱汁。

食材

- ○ 蛋白粉2勺（18克）
- ○ 燕麦粉（或磨碎的燕麦）3勺
- ○ 奶酪条1个
- ○ 鸡蛋2个
- ○ 鸡胸肉肠1个（60克）
- ○ 是拉差辣酱少许
- ○ 欧芹粉少许
- ○ 椰子油1勺

酱汁

- ○ 洋葱1/6个（22克）
- ○ 芥末酱1勺
- ○ 无糖花生酱1/2勺
- ○ 水1勺

1 将洋葱切碎，奶酪条对半切开。

2 在碗里调制好酱汁，鸡蛋打散。

3 将蛋液、蛋白粉、燕麦粉混合拌匀，制成面糊。

4 在烧热的平底锅里倒入椰子油，倒入一半面糊，小火煎成面饼，再放入鸡胸肉肠、奶酪。

5 像卷鸡蛋卷一样把面饼卷起来，再把剩下的面糊倒进去，凝固后再次卷起来。

6 装盘，淋上酱汁、辣酱，撒欧芹粉即可。

炒番茄紫菜包饭

早餐／午餐

这道炒番茄紫菜包饭外观可爱、口感柔软、味道鲜美。炒饭中加入了满满的圆白菜，再用番茄酱调味，香味扑鼻。搭配鸡蛋卷，提供了持久的饱腹感。清淡的鸡蛋与酸辣的炒饭，再加上苏子叶的清香，成就了这道色香味俱全的佳肴。

食材

- ○ 紫菜1张
- ○ 糙米魔芋饭1包（150克）
- ○ 苏子叶7片
- ○ 圆白菜丝60克（1把）
- ○ 尖椒1个
- ○ 鸡蛋2个
- ○ 马苏里拉奶酪1片（16克）
- ○ 辣椒粉1/3大勺
- ○ 番茄酱1½勺
- ○ 紫苏籽油1/3勺
- ○ 橄榄油1/2勺

1 苏子叶、圆白菜丝洗净、沥干，尖椒去蒂。

可以油烧热后关火再做鸡蛋卷，这样卷鸡蛋就方便多了。可以用包饭帘卷辅助制作。

2 鸡蛋打散，在烧热的平底锅里倒入橄榄油，倒入蛋液制成鸡蛋卷后盛出。

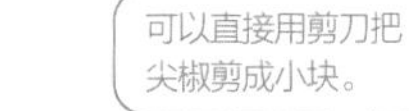

3 锅中放入糙米魔芋饭、圆白菜丝、尖椒、辣椒粉、番茄酱，翻炒制成番茄炒饭。

4 奶酪对半切开，并排放在紫菜上，再均匀铺上番茄炒饭。

马苏里拉奶酪片

尽管使用普通的奶酪片也很不错，但如果追求更加香浓且高级的口味，建议使用100%天然奶酪制作的马苏里拉奶酪片。

5 放上苏子叶和鸡蛋卷，卷成包饭，在包饭上和刀面上抹紫苏籽油，切成适口大小即可。

备受好评的高人气
网红料理

这一部分的菜品是网络中备受大家推崇的几款口碑爆棚的美味。比如可以媲美餐厅菜品的玫瑰炒鸡，以豆腐替代传统面包的独创豆腐三明治，营养丰富的超简单紫苏鸭肉汤，备受好评的紫苏松露炖鸡，还有各式紫菜包饭、三明治等好吃又美味的健康菜肴。经过众多食客亲身实践证明，在享受这些美食的同时，还能收获显著的减重效果。想要减重的你快来亲自尝试这些美味与瘦身功效兼具的神奇食谱吧。

玫瑰炒鸡

早餐 / 午餐 \ 晚餐 / 常备菜

为了满足众多网友对减脂版玫瑰炒年糕的需求，我特意研发了这道料理，大家纷纷表示其美味程度远胜过一般的炒年糕。在这道料理中，我用鸡胸肉替代了传统年糕，并且用少许越南春卷皮来重现宽粉的口感，打造出这款高蛋白、低碳水的创新美食，诚邀各位品尝！

食材

- ○ 鸡蛋1个
- ○ 洋葱1/4个（54克）
- ○ 熟鸡胸肉100克
- ○ 越南春卷皮3张
- ○ 番茄酱2勺
- ○ 燕麦奶（或牛奶、无糖豆奶）1杯
- ○ 辣椒粉2/3勺
- ○ 奶酪1片
- ○ 咖喱粉1/2勺
- ○ 低聚糖1勺
- ○ 马苏里拉奶酪20克
- ○ 欧芹粉少许
- ○ 橄榄油1/2勺

常备菜

玫瑰炒鸡这道菜做法简单，很适合做常备菜。料理前按照“每餐的量×N”计算好食材用量，奶酪片、橄榄油只需准备70%的量即可。为了保持越南春卷皮的嚼劲，建议每次食用时再添加。制作完成后分成小份，两三天内要吃的冷藏保存即可，其余的建议冷冻保存。

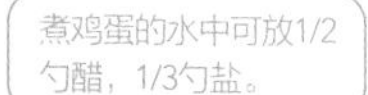

1 将鸡蛋煮10分钟以上，煮熟后捞出，用冷水浸泡片刻后剥去外壳。

2 洋葱切片，熟鸡胸肉切小块，越南春卷皮纵向切成4等份。

3 往烧热的平底锅里倒入橄榄油，放入洋葱和番茄酱中火翻炒，再放入燕麦奶、辣椒粉、奶酪片搅拌均匀，煮1分钟。

4 放入鸡胸肉继续烹煮，待洋葱完全熟透后放入咖喱粉、低聚糖搅拌均匀。

5 放入鸡蛋和越南春卷皮，边搅拌边煮20秒后关火。

6 装盘，撒上马苏里拉奶酪，放进微波炉中加热20秒，再撒上欧芹粉即可。

圆白菜华夫饼

早餐／晚餐

无须面粉，只需准备鸡蛋、燕麦片和一台华夫饼机，就可以制作出香浓美味的华夫饼。将蟹肉加入由鸡蛋和燕麦片调制成的面糊中，为其带来独特的浓郁滋味与香气。再搭配丰富的圆白菜丝，增添满满的咀嚼乐趣，让每一口都充满健康和满足感。

食材

- ○ 圆白菜120克
- ○ 尖椒2个
- ○ 蟹肉棒2个
- ○ 快熟燕麦片3勺（18克）
- ○ 鸡蛋2个
- ○ 鲣鱼干少许
- ○ 全素蛋黄酱1½勺
- ○ 是拉差辣酱1/2勺
- ○ 橄榄油1/2勺

1 圆白菜切丝，尖椒切圈，蟹肉棒开封前稍稍揉搓后撕成细条。

2 将圆白菜、尖椒、蟹肉、燕麦片、鸡蛋混合拌匀，制成面糊。

3 华夫饼机抹上橄榄油，倒入适量面糊，制作几张华夫饼。

4 将烤好的华夫饼叠放，每个华夫饼之间涂上少许蛋黄酱。

5 淋上辣酱，撒上鲣鱼干即可。

油豆腐迷你包饭

早餐 / 午餐

饱满大块、能塞满口腔的紫菜包饭固然诱人，但是小巧可爱、适合一口吞下的迷你包饭也很美味。无须其他配料，香醇的油豆腐就能为这道包饭创造出新颖独特的风味体验，其滋味定会让你惊艳不已。

食材

- ○ 紫菜2张
- ○ 糙米魔芋饭1包（150克）
- ○ 冷冻油豆腐片1把（40克）
- ○ 尖椒2个
- ○ 鸡蛋2个
- ○ 白萝卜6片
- ○ 蒜泥1/2勺
- ○ 酱油1勺
- ○ 低聚糖1/2勺
- ○ 水3勺
- ○ 紫苏籽油1/2勺
- ○ 白芝麻少许

1 尖椒对半切开，鸡蛋打散。

油豆腐已经油炸过，无须再添加食用油。炒之前建议先焯一下，沥干。

2 往干燥的平底锅里放入油豆腐、蒜泥、酱油、低聚糖、水，中火炒至金黄后盛出。

3 锅中倒入蛋液，开小火炒熟。

建议参考P19紫菜包饭的做法。

也可以最后再放入白萝卜，包裹住食材。

4 在紫菜上铺糙米魔芋饭，按照“白萝卜、油豆腐、炒蛋、尖椒”的顺序依次摆好食材，卷2条包饭。

将黏合处贴合桌面，放置一段时间后，紫菜会因食材中的水析出而变得更加牢固。

5 往包饭上和刀面上抹紫苏籽油，切成适口大小，撒上白芝麻即可。

豆腐三明治

早餐 / 午餐 \ 晚餐 / 空气炸锅料理

这道豆腐三明治以其特有的甜咸口味深受人喜爱，且营养丰富，让人回味无穷。这款豆腐三明治以豆腐替代面包，不含面粉，采取烘烤而非油炸的烹饪方式，口感温和不油腻。如今，它已风靡网络，备受减脂人士追捧。

食材

- ○ 豆腐1块（300克）
- ○ 奶酪2片
- ○ 鸡胸肉午餐肉4片（48克）
- ○ 无糖草莓酱1/3勺（参考P232）
- ○ 全谷物芥末酱1/3勺

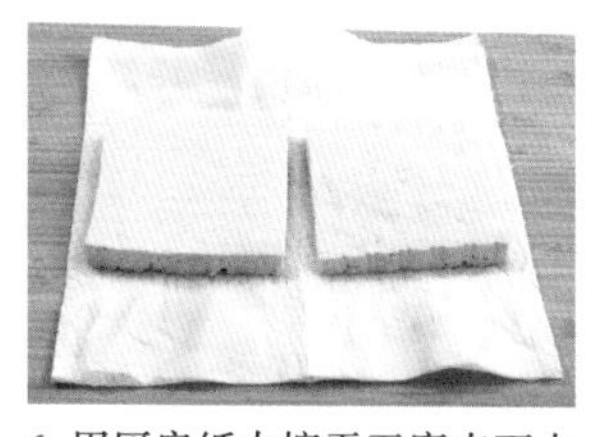

1 用厨房纸巾擦干豆腐表面水分，横向切成两半，再次擦干。

2 将豆腐放在烘焙纸上，用空气炸锅180℃烘烤25分钟，翻面后再烤10分钟。

3 在一块烤豆腐上抹草莓酱，另一块抹芥末酱。

4 两块豆腐上各放一片奶酪，在一块豆腐上放上鸡胸肉午餐肉片，再将两块豆腐相叠，按照对角线方向切开即可。

玉米酸奶三明治

早餐 / 午餐 \ 零食

将口感饱满的玉米罐头与浓稠的希腊酸奶相融合，再搭配清新微辣的洋葱，搅拌均匀，呈现出令人垂涎的独特风味。在这道料理中，我用满满的玉米粒代替了一片面包，制作成单片三明治。

食材

- ○ 全麦面包1片
- ○ 鸡蛋2个
- ○ 生菜8片
- ○ 洋葱1/7个（25克）
- ○ 玉米粒50克
- ○ 希腊酸奶100克
- ○ 香草盐（或盐）少许
- ○ 欧芹粉1/4勺
- ○ 全谷物芥末酱1/2大勺
- ○ 巴萨米克醋奶油少许
- ○ 胡椒粉少许

煮鸡蛋的水中可放1/2勺醋，1/3勺盐。

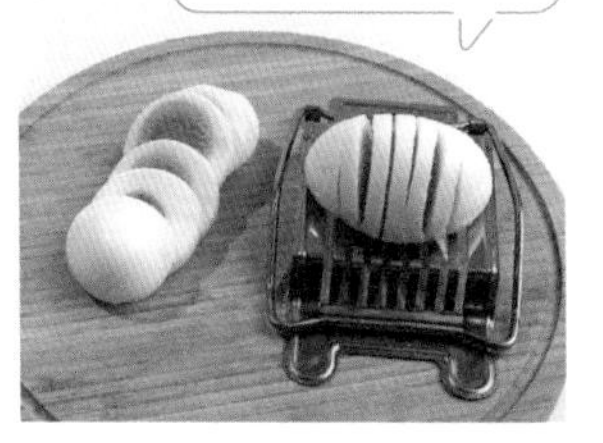

1 鸡蛋煮10分钟以上，再用冷水浸泡片刻，剥皮后切薄片。

2 生菜洗净、沥干，洋葱切丁。

3 碗里放入玉米粒、洋葱、希腊酸奶、香草盐、欧芹粉和胡椒粉，混合拌匀，制成玉米沙拉。

4 在干燥的平底锅中放入面包，烤至两面金黄。

建议参考P18三明治的包装方法。

5 将食品级牛皮纸铺平，放上面包，均匀地抹上全谷物芥末酱，按照“玉米沙拉、鸡蛋、巴萨米克醋奶油、生菜”的顺序依次摆放好食材，包起来。

6 按照6：4的比例分成2份，分别作为正餐和零食。

蟹肉炒蛋三明治

早餐／午餐＼晚餐／零食

蟹肉炒蛋三明治外形饱满、口感松软、味道绝佳。在烤至金黄酥脆的面包片中放入高蛋白炒蛋，再搭配上新鲜可口的番茄、香气四溢的马苏里拉奶酪以及清脆爽口的绿叶蔬菜。大口咬下，你能感受到不同食材的独特魅力，体会舌尖上的幸福。

食材 2餐的量

- ○ 全麦面包2片
- ○ 沙拉蔬菜2把（100克）
- ○ 番茄1/2个
- ○ 蟹肉棒2个
- ○ 鸡蛋4个
- ○ 马苏里拉奶酪1片
- ○ 是拉差辣酱1/2勺
- ○ 橄榄油1/3勺

1 将沙拉蔬菜洗净、沥干，番茄切圆片，蟹肉棒撕成条。

2 鸡蛋打散，加入蟹肉搅拌均匀。

3 在烧热的平底锅里倒入橄榄油，倒入蛋液中火翻炒，鸡蛋半熟时，将其叠至面包片大小，全熟后盛出。

4 锅内放入面包片，烤至两面金黄，在1片面包上放上奶酪片，用面包的热度将其化开。

5 将食品级牛皮纸铺平，按照“奶酪面包、番茄、炒蛋、辣酱、1/2沙拉蔬菜、面包”的顺序依次摆放好食材，再用纸包起来。

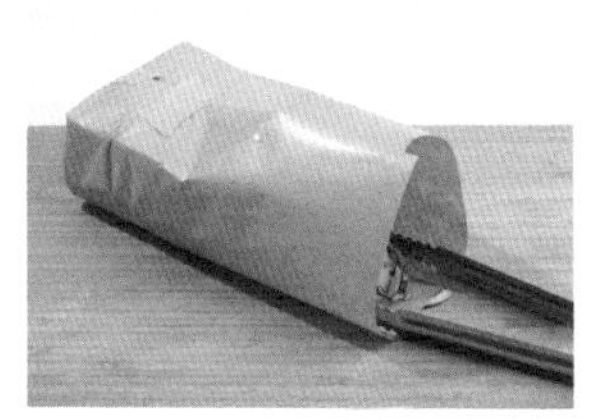

6 将剩余沙拉蔬菜放进纸袋里再封口，按照6：4的比例分成2份，分别作为正餐和零食。

超简单紫苏鸭肉汤

早餐 / 午餐 / 晚餐 / 常备菜 / 平底锅料理

减肥期间想要补充体力和滋养身体，强烈推荐这道紫苏鸭肉汤。其制作方法简单，却能呈现出令人惊喜的味道，即便是初次下厨的人也能轻松驾驭，甚至可能会对自己能烹煮出如此美味感到难以置信。这道美食既能恢复体力，还有助减脂，可谓一举两得。

食材

- ○ 鸭胸肉150克
- ○ 尖椒1个
- ○ 韭菜35克
- ○ 蟹味菇1把（63克）
- ○ 菜花米75克
- ○ 蒜泥1/2勺
- ○ 浓汤宝（液体）1包（14克或鸡精1/3勺）
- ○ 快熟燕麦片15克
- ○ 水1½杯（300毫升）
- ○ 紫苏粉1½勺
- ○ 橄榄油1/2勺

1 尖椒切圈，韭菜切3厘米长段，蟹味菇撕成条，鸭胸肉切小块。

2 往烧热的平底锅里倒入橄榄油，放入蒜泥和尖椒翻炒，再放入菜花米、鸭胸肉、蟹味菇翻炒。

3 加入浓汤宝、燕麦片、水，边烹煮边搅拌，防止粘锅。

4 待燕麦片吸水膨胀后加入韭菜、紫苏粉搅拌均匀，关火后装盘，撒上韭菜即可。

常备菜

料理前按照“每餐的量×N”计算好食材用量，橄榄油、浓汤宝分别只需准备50%和70%的量即可。煮熟后静置放凉，分成小份，两三天内要吃的冷藏保存即可，其余的建议冷冻保存。

辣椒金枪鱼紫菜包饭

早餐／午餐

我最喜欢全州拌饭口味的紫菜包饭，每当那熟悉的味道在脑海中浮现，我便会动手制作这道减脂包饭。尽管金枪鱼、低糖辣椒酱、蒜泥以及圣女果等食材混搭似乎有些出乎意料，然而一旦入口，口腔中所绽放的美味绝对会让人瞬间倾心。只需将食材搅拌均匀，这道紫菜包饭的整个制作过程简单便捷。

食材

- ○ 紫菜1½张
- ○ 糙米魔芋饭1包（150克）
- ○ 金枪鱼罐头1个（100克）
- ○ 圣女果5个
- ○ 苏子叶8片
- ○ 尖椒2个
- ○ 奶酪1片
- ○ 白萝卜3片
- ○ 蒜泥1/2勺
- ○ 低糖辣椒酱2/3勺（或辣椒酱1/2勺）
- ○ 紫苏籽油1/2勺

1 将圣女果切小块，苏子叶洗净、沥干，尖椒去蒂。

2 用勺子压出金枪鱼的油脂，沥油。

3 碗里放入圣女果、金枪鱼、糙米魔芋饭、蒜泥、辣椒酱，搅拌均匀。

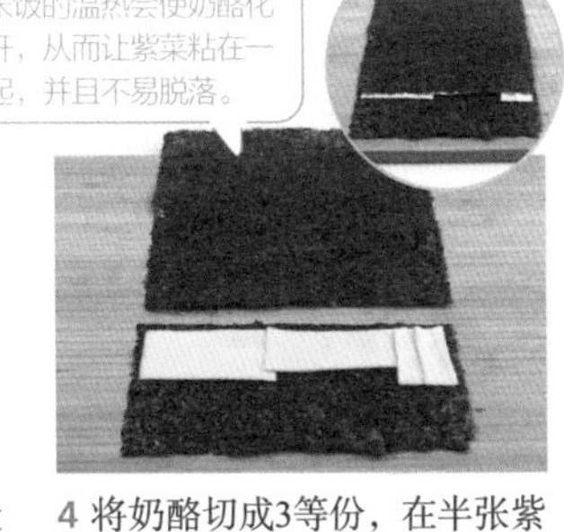

4 将奶酪切成3等份，在半张紫菜的末端并排放上奶酪，再将另一张紫菜的下端放在奶酪上，这样2张紫菜就能连在一起了。

5 在紫菜上铺上拌饭，按照“4片苏子叶、白萝卜、尖椒、4片苏子叶”的顺序依次摆放好食材，卷成包饭。

6 在包饭上和刀面上抹紫苏籽油，切成适口大小即可。

大葱鸡蛋沙拉烤吐司

早餐 / 午餐

将煮熟并捣碎的土豆制成沙拉，其美味令人着迷。然而，考虑到土豆含碳水化合物较多，吃多了很容易发胖，因此我在沙拉中巧妙地加入了富含蛋白质的鸡蛋，以减少土豆的用量。再搭配上富含膳食纤维的大葱，这一独特配料便是赋予沙拉清爽口感的秘诀所在。

食材

沙拉 2餐的量

- ○ 全麦面包1片
- ○ 鸡蛋5个
- ○ 土豆1个（125克）
- ○ 大葱1根（30厘米，56克）
- ○ 圆白菜丝+紫甘蓝丝50克（1把）
- ○ 无糖草莓酱（参考P232）1/2勺
- ○ 欧芹粉少许

酱汁

- ○ 低聚糖1勺
- ○ 全素蛋黄酱3勺
- ○ 全谷物芥末酱1勺
- ○ 番茄膏（或番茄酱）1勺

1 将鸡蛋、土豆洗净，用盐水煮15分钟以上，去皮。

2 将煮熟的鸡蛋和土豆捣碎，大葱切碎。

3 在捣碎的鸡蛋、土豆中放入大葱、圆白菜丝、紫甘蓝丝、调好的酱汁，搅拌均匀，制成沙拉。

4 往干燥的平底锅里放入面包，烤至两面金黄后装盘，涂上草莓酱。

5 在面包上放三四勺沙拉，撒上欧芹粉即可。

咸芒果三明治

早餐 / 午餐 / 零食

适量食用苹果芒有助于减重，因其富含果胶这种水溶性膳食纤维，能有效降低胆固醇，并促进排便。不过一般大家很少将芒果与三明治联系在一起，芒果天然的甜美与香浓微苦的芝麻菜、咸香的培根和浓郁的奶酪相得益彰，能带来意想不到的美味，这款甜咸交织的咸芒果三明治由此诞生。

食材 2餐的量

- ○ 全麦面包2片
- ○ 苹果芒（或冷冻芒果）1/2个
- ○ 芝麻菜1把（33克）
- ○ 洋葱1/7个（25克）
- ○ 猪前腿培根3片（55克）
- ○ 鸡蛋2个
- ○ 马苏里拉奶酪1片
- ○ 全谷物芥末酱1/2勺

1 芝麻菜洗净、沥干，苹果芒竖切后用勺子舀出果肉，洋葱切丝。

2 在1片面包上涂抹芥末酱，再放上奶酪片。

如果没有帕尼尼烤架，可以把面包放入平底锅中烤至两面金黄，然后在1张面包上放芥末酱和奶酪，用余温化开奶酪。

3 盖上另一片面包，使用帕尼尼烤架烤至两面金黄。

4 往干燥的平底锅里放入培根，烤至两面金黄后盛出，用锅中剩余的油煎鸡蛋。

建议参考P18三明治的包装方法。

5 将食品级牛皮纸铺平，放1片面包，再按照“培根、芒果、煎蛋、洋葱、芝麻菜、面包”的顺序依次摆放好食材，用纸包好。

6 按照6：4的比例切成2份，分别作为正餐和零食。

紫苏松露炖鸡

早餐 / 午餐 \ 晚餐

紫苏粉和松露油的共同之处在于都能以其独有的香味赋予食物无可比拟的风味。这两种食材的相遇，绝对能带来令人惊艳的美食体验。这道料理中，只需把食材简单炒制和烹煮，无须繁复的步骤就能完成，即便是新手也不必胆怯。我强烈推荐大家亲手尝试，尽情享受自己的料理艺术，享受那一口美味炖肉所带来的满足感吧。

食材

- ○ 熟鸡胸肉100克
- ○ 洋葱1/4个（36克）
- ○ 圆白菜110克
- ○ 香菜1根（5克或苏子叶2片）
- ○ 燕麦奶（或牛奶、无糖豆奶）1杯
- ○ 燕麦片15克
- ○ 紫苏粉1勺
- ○ 香草盐少许（或盐少许+胡椒粉少许）
- ○ 松露油1勺
- ○ 橄榄油1/3勺

1 将熟鸡胸肉撕成小块，洋葱、圆白菜、香菜切小块。

2 往烧热的平底锅中倒入橄榄油，放入洋葱、圆白菜和鸡胸肉翻炒。

3 锅内倒入燕麦奶、燕麦片，边煮边搅拌，防止粘锅，煮至黏稠后加入紫苏粉、香草盐，再煮30秒。

4 关火，倒入松露油搅拌均匀，装盘，撒上香菜即可。

金枪鱼芝麻菜沙拉包饭

早餐 / 午餐

金枪鱼和蟹肉棒搭配上希腊酸奶与芥末酱，令任何人都无法抗拒的金枪鱼蟹肉沙拉就完成啦。这道沙拉不仅可以直接吃，还能作为紫菜包饭的馅料，配上爽脆的芝麻菜，口感层次更丰富，营养也更加全面。沙拉酱料浓郁黏稠，在卷制包饭时就算是新手也能轻松制作。

食材

- 紫菜1张
- 魔芋饭1包（150克）
- 金枪鱼罐头1个（100克）
- 蟹肉棒1个
- 芝麻菜1把（30克）
- 尖椒2个
- 白萝卜3片
- 希腊酸奶30克
- 全谷物芥末酱1/2勺
- 紫苏籽油1/3勺

1 将芝麻菜洗净、沥干，尖椒去蒂。

2 用勺子压出金枪鱼的油脂，沥油。蟹肉棒开封前稍揉搓，撕成细条。

3 碗里放入金枪鱼、蟹肉棒、酸奶、芥末酱，搅拌均匀，制成金枪鱼蟹肉沙拉。

建议将紫菜较长的一边水平放置，这样卷出来的紫菜包饭会更饱满。

建议参考P19紫菜包饭的做法。

4 紫菜上铺上魔芋饭，按照“芝麻菜、白萝卜、金枪鱼蟹肉沙拉、尖椒”的顺序依次摆放好食材，卷成包饭。

5 在包饭上和刀面上抹紫苏籽油，切成适口大小。

罗勒无花果三明治

早餐 / 午餐 \ 晚餐 / 零食

我喜欢品尝各种应季蔬果，每当无花果成熟的季节，我一定会做这道罗勒无花果三明治。成熟香甜的无花果，抹上醇厚的罗勒酱，再搭配富含蛋白质的鸡胸肉午餐肉和煎蛋，美味可口、营养丰富的一餐就完成啦！

食材

- ○ 全麦面包2片
- ○ 无花果2个
- ○ 生菜5～8片
- ○ 洋葱1/6个（25克）
- ○ 鸡蛋2个
- ○ 鸡胸肉午餐肉4片（50克）
- ○ 希腊酸奶60克
- ○ 罗勒酱1勺
- ○ 胡椒粉少许
- ○ 橄榄油1/2勺

1 将无花果、生菜洗净、沥干，洋葱切碎。

2 往烧热的平底锅里倒入橄榄油，打入2个鸡蛋，煎成一个完整的蛋饼。

3 碗里放入酸奶、洋葱、罗勒酱和胡椒粉，搅拌均匀，制成洋葱罗勒酸奶。

4 在干燥的平底锅中放入面包，烤至两面金黄。

5 将食品级牛皮纸铺平，按照“1片面包、鸡胸肉午餐肉、洋葱罗勒酸奶、无花果、煎蛋、生菜、1片面包”的顺序依次摆放好食材，包起来。

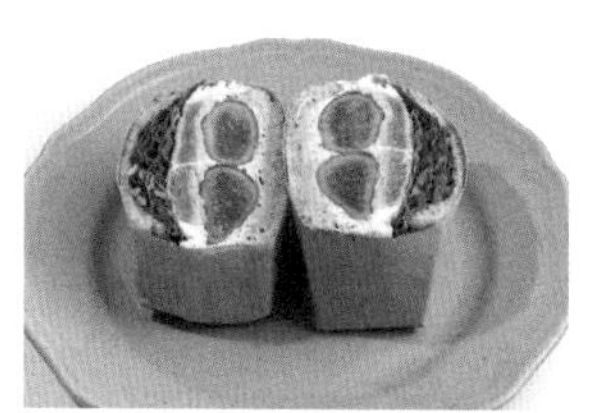

6 按照6：4的比例分成2份，分别作为正餐和零食。

part 7

超级下饭的
减脂小菜

对于没有太多时间做饭的减脂人士来说，强烈建议提前准备几款减脂小菜。一碗杂粮饭或糙米饭，再搭配一两种常备的美味小菜，即可轻松品尝到一顿美味，忘却减重的艰辛。这部分的料理中，我为大家带来了小菜便当——鲜蔬炒鸡肉肠，还有蒜薹炒鱼饼、腰果炒鳀鱼、香菇酱鹌鹑蛋、无面粉蟹肉南瓜饼、凉拌萝卜、用金枪鱼替代鱼肉的萝卜炖金枪鱼、鹰嘴豆低盐大酱等。熟悉的小菜变成了低盐、高蛋白的健康餐，快快享受这更加健康、更加低脂的美食吧。

无面粉蟹肉南瓜饼

这款南瓜饼不仅可以直接享用，而且也是搭配杂粮饭的绝佳配菜。制作过程中散发出的诱人香气，无疑能大大激发你的食欲。正如其名，这款南瓜饼完全不添加面粉，而是用燕麦片替代，再放入满满的南瓜精心烤制而成。此外，鲜美的蟹肉棒以及清爽的洋葱，更是进一步提升整体风味的关键食材。

食材 2餐的量

- 小南瓜1个（287克）
- 洋葱¼个（60克）
- 蟹肉棒4个（130克）
- 快熟燕麦片30克
- 鸡蛋3个
- 橄榄油1½勺

1 小南瓜切小块，洋葱切碎，蟹肉棒开封前稍揉搓，撕成细条，燕麦片用搅拌机搅碎拌匀。

2 在碗里放入小南瓜、洋葱、蟹肉、燕麦片、鸡蛋搅拌均匀，制成面糊。

3 在烧热的锅里倒入橄榄油，倒入适量面糊，中小火煎至两面金黄，一次建议制作4张，分2次食用。

韭菜拌金枪鱼

虽然这道菜只需将原料混合拌匀即可，但其美味却让人念念不忘，即便没有其他小菜，也能让你瞬间扫空一碗饭。我特意去除了金枪鱼多余的油脂，保留了原汁原味的香醇滋味，搭配上风味独特的韭菜和香菜，经过凉拌，使得整道菜肴既富含嚼劲，又不失清脆口感。

食材 （3~4餐的量）

- ○ 韭菜190克
- ○ 香菜26克（5根或苏子叶5片）
- ○ 金枪鱼罐头2个（200克）

酱汁

- ○ 辣椒粉1勺
- ○ 醋2勺
- ○ 低聚糖1勺
- ○ 酱油1勺
- ○ 白芝麻少许

1 将韭菜、香菜切成小段。

2 用勺子压出金枪鱼的油脂，沥油。在碗中将酱汁材料搅拌均匀。

3 碗里放入韭菜、香菜、金枪鱼，倒入酱汁搅拌均匀，放入冰箱冷藏保存，分三四次吃掉。

蒜薹炒鱼饼

当美味的蒜薹与筋道的鱼饼相遇，淋上甜辣的酱料，撒上香气扑鼻的黑芝麻，一道色香味俱佳的家常小菜便完成了，再搭配一碗杂粮饭，营养十分均衡。各种食材的独特味道和口感相互交织，在嘴里碰撞出别具一格的美味火花。

食材 （3餐的量）

- ○ 鱼饼2包（260克）
- ○ 蒜薹14根（300克）
- ○ 辣椒粉1/2勺
- ○ 酱油1勺
- ○ 水1/3杯（70毫升）
- ○ 低聚糖1勺
- ○ 黑芝麻1/2勺
- ○ 橄榄油1勺

1 鱼饼切小块，蒜薹切成4厘米长的段。

2 在烧热的平底锅里倒入橄榄油，放入鱼饼、蒜薹翻炒，炒至鱼饼稍稍变黄后放入辣椒粉、酱油、水继续翻炒。

3 炒至蒜薹快熟时，加入低聚糖、黑芝麻拌匀，关火。

4 冷却后密封，放入冰箱中冷藏保存，分3次吃完。

西蓝花拌豆腐

建议使用P214鹰嘴豆低盐大酱

西蓝花焯水后会变得清脆爽口，富含蛋白质及维生素C，是我减重期间冰箱中的常备食材。为了点缀西蓝花，可将豆腐捣碎后放入，补充植物蛋白质，再撒上香气四溢的紫苏粉，最后用自制的低盐大酱调味，充分拌匀后，一道风味独特的美味小菜就完成了。

食材 3餐的量

- ○ 豆腐210克
- ○ 西蓝花152克

酱汁

- ○ 紫苏粉2勺
- ○ 蒜泥1勺
- ○ 酱油1勺
- ○ 低聚糖1勺
- ○ 醋1勺
- ○ 紫苏籽油2勺
- ○ 鹰嘴豆低盐大酱2勺（参考P214或大酱2/3勺）

1 用厨房纸巾擦干豆腐表面的水分，用刀背压碎。

2 将西蓝花切小块，洗净，放入沸水中焯20秒，捞出沥干。

3 在碗里将酱汁材料搅拌均匀，放入豆腐和西蓝花拌匀。

4 密封好，放入冰箱冷藏保存，分3次吃完。

辣酱炒鸡

这款减脂版辣酱遵循高蛋白、低糖、低盐的健康理念，制作简单，用途广泛。将所有食材剁碎，再加入特有的调味料，稍稍翻炒即可。这款辣酱不仅能用来拌饭或作紫菜包饭的馅料，还可以搭配面包食用，可谓是一款厨房必备的万能酱汁。

食材 4~5餐的量

- ○ 鸡胸肉170克
- ○ 洋葱1/8个（40克）
- ○ 香葱2根（20克）
- ○ 杏鲍菇1/2个（40克）
- ○ 蒜泥1勺
- ○ 番茄膏（或番茄酱）2勺
- ○ 低糖辣椒酱1勺（或辣椒酱2/3勺）
- ○ 水1/2杯（100毫升）
- ○ 咖喱粉1勺
- ○ 白芝麻1/2勺
- ○ 低聚糖1勺
- ○ 紫苏籽油1勺
- ○ 橄榄油1/2勺

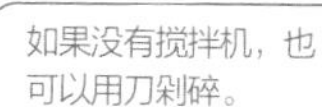

1 将洋葱、香葱和杏鲍菇放入搅拌机中搅碎，再加入鸡胸肉搅碎。

2 往烧热的平底锅中倒入橄榄油，放入搅碎的食材，中火炒至鸡肉半熟。

3 加入蒜泥、番茄膏、辣椒酱和水搅拌均匀，开大火炖煮。

4 水分几乎完全蒸发时放入咖喱粉、白芝麻、低聚糖、紫苏籽油，迅速搅拌炒熟，关火。

5 冷却后装入用热水消毒过的可密封玻璃容器中，放进冰箱冷藏保存，建议1周内吃完。

鲜蔬炒鸡肉肠

筋道有弹性的鸡胸肉肠和蟹味菇，搭配清脆爽口的各类鲜蔬，即使不加调料也很美味。撒入少许咖喱粉稍稍翻炒，便能使这道菜肴的风味瞬间升华，让人百吃不厌。这款咖喱味炒菜不仅富含优质蛋白质，还包含丰富的膳食纤维，无论是与米饭还是面条一同炒制，都让人回味无穷。

食材 3～4餐的量

- ○ 鸡胸肉肠2包（240克）
- ○ 芹菜茎1根（63克）
- ○ 红甜椒1/2个（90克）
- ○ 黄甜椒1/2个（95克）
- ○ 洋葱1/4个（90克）
- ○ 蟹味菇2把（140克）
- ○ 咖喱粉1勺
- ○ 胡椒粉1/3勺
- ○ 橄榄油1勺

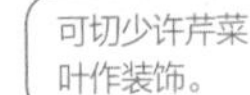

1 将芹菜茎、甜椒、洋葱切小块，鸡胸肉肠切片，蟹味菇撕开。

2 在烧热的平底锅里倒入橄榄油，放入芹菜茎、洋葱、鸡胸肉肠翻炒，炒至洋葱半透明后倒入甜椒、蟹味菇继续翻炒。

3 加入咖喱粉快速翻炒，关火后撒胡椒粉，拌匀。

4 冷却后密封好，放进冰箱中冷藏保存，分三四次吃完。

香菇酱鹌鹑蛋

小巧玲珑，一口一个的酱鹌鹑蛋，一直以来都是备受人喜爱的美食。然而对于减重者来说，其钠含量较高，因此我特地对调料进行了改良。鹌鹑蛋搭配香菇和魔芋年糕，补充膳食纤维，再加入突显食材原味的特色调料，一款高蛋白低碳水的美味小菜就大功告成了。

食材 （3～4餐的量）

- ○ 去皮鹌鹑蛋450克
- ○ 香菇7个（90克）
- ○ 魔芋年糕180克
- ○ 海带（3厘米×5厘米）6片（2克）
- ○ 酱油3勺
- ○ 浓汤宝（液体）1包（14克或鸡精1/2勺）
- ○ 鱼露1勺
- ○ 水2杯
- ○ 低聚糖1勺

建议选择稍厚的魔芋年糕，这样口感会更好。

1 香菇切块，魔芋年糕洗净、沥干。

2 在锅里放入鹌鹑蛋、魔芋年糕、海带、酱油、浓汤宝、鱼露、水，盖上锅盖，大火炖煮。

3 煮沸后调至中小火，放入香菇、低聚糖，盖上锅盖，煮15分钟左右，食材入味后关火。

4 充分冷却后盛出密封好，放入冰箱冷藏保存，分四五次吃完。

凉拌萝卜

凉拌萝卜清爽可口，不妨多做一些存放在冰箱里，随时享用。相较于家常版本，这道料理中我调制了更为健康的凉拌酱料，即使在减重期间也能安心食用。我将萝卜与甜菜进行了巧妙的搭配，使得整道菜品的营养价值倍增。各位可千万不要错过这道不同风味组合所带来的味蕾享受。

食材 4～5餐的量

- ○ 甜菜1/3个（100克）
- ○ 青萝卜450克
- ○ 大葱19厘米（27克）
- ○ 辣椒粉2勺
- ○ 蒜泥1勺
- ○ 醋2勺
- ○ 低聚糖2勺
- ○ 鱼露2勺
- ○ 白芝麻1/2勺
- ○ 紫苏籽油2勺

1 甜菜、青萝卜去皮、切丝，大葱切成葱花。

2 碗里放入甜菜、青萝卜、大葱、辣椒粉、蒜泥、醋、低聚糖、鱼露和辣椒粉，搅拌均匀。

3 撒上碾碎的白芝麻，淋紫苏籽油搅拌。

4 装入密封罐中，放入冰箱冷藏保存，分四五次吃完。

萝卜炖金枪鱼

很多人对炖菜中的萝卜情有独钟，有时甚至胜于炖肉，我也不例外。饱含水分的萝卜那诱人的香气令人胃口大开，忍不住想要多吃一碗饭。我用金枪鱼罐头制作这道炖菜，同样美味无比。再配上一碗热气腾腾的杂粮饭，请大家尽情享受这道减脂餐带来的健康美味吧。

食材 3~4餐的量

- ○ 金枪鱼罐头3个（300克）
- ○ 青萝卜2/3个（682克）
- ○ 大葱42厘米（100克）
- ○ 洋葱1/2个（90克）
- ○ 辣椒粉1勺
- ○ 蒜泥1勺
- ○ 酱油2½勺
- ○ 浓汤宝（液体）1包（14克或鸡精1/2勺）
- ○ 水2杯
- ○ 低聚糖1勺

1 用勺子压出金枪鱼的油脂，沥油。

2 青萝卜连皮切成2厘米厚的圆片，再切成两半。大葱斜切成段，洋葱切块。

3 锅里放入青萝卜、洋葱、辣椒粉、蒜泥、酱油、浓汤宝和水，大火煮15分钟。

4 加入金枪鱼、大葱、低聚糖，煮沸后转中火，将汤汁浇在食材上，煮3分钟左右，大葱熟透后关火。

5 充分冷却后盛入玻璃容器内，密封好，放入冰箱冷藏保存，分三四次吃完。

黄油杏鲍菇炒鱿鱼

黄油炒鱿鱼乍一听似乎是道热量超高的料理，但实际上，只要合理搭配食材和控制分量，高热量菜也能转变成美味的减脂餐。鱿鱼脱水处理后制成的鱿鱼丝是高蛋白食物，自带咸香，再搭配蘑菇，用无盐黄油和无糖花生酱来调味，就可以变成一道香醇低脂的健康小菜。

食材 4餐的量

- ○ 鱿鱼丝120克
- ○ 杏鲍菇3个（150克）
- ○ 小包装无盐黄油2个（20克）
- ○ 蒜泥1勺
- ○ 无糖花生酱1勺
- ○ 低聚糖1勺
- ○ 黑芝麻1/2勺
- ○ 欧芹粉少许

1 鱿鱼丝用水浸泡10分钟，沥干。

2 杏鲍菇切块，鱿鱼丝切成适口大小。

3 在平底锅中放入黄油化开，放入蒜泥、杏鲍菇中火翻炒，再放入鱿鱼丝、花生酱、低聚糖继续翻炒。

4 关火，撒上黑芝麻、欧芹粉搅拌均匀，冷却后盛入玻璃容器内，密封后放入冰箱中冷藏保存，分4次吃完。

空气炸锅圣女果干

晒干后的圣女果口感柔韧、味道醇美，常被用在各种美食中。自然晒干需要较长时间，因此可以借助空气炸锅快速烘干，这样方便又快捷。烘干后的圣女果可以浸泡在橄榄油中保存，作为炒饭、意面和三明治的美味配料，腌制圣女果的橄榄油也可用于制作美食。

食材

- ○ 圣女果400克
- ○ 大蒜3瓣（12克）
- ○ 迷迭香2克
- ○ 玫瑰盐（或盐）少许
- ○ 橄榄油170毫升

1 圣女果去蒂，洗净后沥干。

2 圣女果对半切开，放入烤网中。大蒜切片，迷迭香去茎。

3 在圣女果上撒少许玫瑰盐，空气炸锅140℃烘烤15分钟，取出后静置冷却1分钟。

4 用空气炸锅100℃烘烤25分钟，取出后静置冷却1分钟，用同样的温度和时间再烤一次。

5 将圣女果、大蒜、迷迭香混合放入热水消毒过的玻璃容器中，倒满橄榄油。

6 密封后放入冰箱冷藏保存1天以上再食用，2周内吃完即可。可用于制作三明治、意大利面等。

腌紫甘蓝

紫甘蓝清脆爽口，腌制过程中产生的乳酸菌不仅能提升风味，更有益于肠道健康。腌制时建议按照配方定量制作，以确保不会过咸。尽管用普通圆白菜腌制也可以，但紫甘蓝富含花青素、蛋白质、膳食纤维，并且钙含量也高于普通圆白菜，是更有利于控制体重的理想食材。

食材

- ○ 有机紫甘蓝1个（987克）
- ○ 玫瑰盐15克（或盐，盐的用量约为紫甘蓝重量的1.5%）
- ○ 胡椒粉1/2勺

留下的菜叶用来盖住顶部。

1 将紫甘蓝切开，留两三片菜叶，其余全部切丝。

2 将紫甘蓝丝放入水中浸泡3分钟，再用清水洗净，沥干。

3 在紫甘蓝丝上撒玫瑰盐，拌匀，腌制10分钟。

4 撒胡椒粉，再次搅拌。

5 将紫甘蓝丝装入用热水消毒过的玻璃容器中，压实，倒入腌制出的汁水。

6 将预留的菜叶放在顶部，用力下压，使其完全浸入汁水中，密封。

7 建议常温下发酵3～7天，再分装放入冰箱冷藏保存，两三周内吃完即可。

鹰嘴豆低盐大酱

大豆发酵而成的大酱虽是健康调料，但盐分较高，并不利于减重。为此我带来了这道低盐大酱。我选择了蛋白质丰富、味道香浓的鹰嘴豆和带有自然甜味及柔韧口感的腰果，再搭配少量的大豆大酱混合，这样制作出的健康减脂大酱营养更加丰富，适宜减重人群食用。

食材

- 鹰嘴豆罐头（或煮熟的鹰嘴豆）150克
- 腰果50克（2把）
- 大酱100克

1 将鹰嘴豆和腰果放入搅拌机中搅碎。

2 在碗里放入搅碎的鹰嘴豆、腰果和大酱，搅拌均匀。

3 将鹰嘴豆低盐大酱盛入用热水消毒过的玻璃容器中，密封后放入冰箱冷藏保存，1个月内吃完即可。

低盐大酱的优点

由大豆发酵而成的传统大酱虽然含糖量低，然而考虑到钠摄入量的问题，还应减少用量。在挑选大酱产品时，建议购买咸味淡、豆味浓郁的低盐大酱。家庭自制的低盐大酱是用鹰嘴豆等高蛋白豆类食材和坚果研磨混合制成的，更加健康。

天贝炒茄子

天贝是印度尼西亚的特色大豆发酵制品，每百克的蛋白质高达19克，富含优质的植物蛋白质。其味道香浓、口感醇厚，深受大众喜爱。将天贝与茄子搭配，烹饪出色香味俱佳的辣味炒菜，往往让人尝过后难以忘怀，回味无穷。

食材 （2～3餐的量）

- ○ 天贝200克
- ○ 茄子2个（270克）
- ○ 洋葱1/2个（130克）
- ○ 尖椒2个
- ○ 辣椒粉1勺
- ○ 蚝油1½勺
- ○ 水1/2杯
- ○ 紫苏籽油1勺
- ○ 白芝麻1勺
- ○ 橄榄油1勺

1 将茄子对半切开后切片，洋葱切丝，尖椒切圈，天贝切块。

2 往烧热的平底锅里倒入橄榄油，放入洋葱、尖椒和天贝翻炒片刻，再加入茄子翻炒1分钟。

3 加入辣椒粉、蚝油、水翻炒拌匀，待水炒干、蔬菜炒熟后关火，放紫苏籽油、白芝麻搅拌均匀。

4 盛入玻璃容器内，密封后放入冰箱冷藏保存，分两三次吃完。

腰果炒鳀鱼

鳀鱼富含蛋白质和钙，是理想的减脂食材。将鳀鱼、香脆可口的腰果和有机豌豆搭配，就能制作出一款富含蛋白质和优质脂肪的营养小菜。鳀鱼本身自带淡淡的咸香风味，在烹调时只需简单翻炒即可。

食材 5餐的量

- 鳀鱼150克
- 腰果2把（60克）
- 冷冻豌豆150克
- 大蒜8瓣（28克）
- 低聚糖4勺
- 白芝麻1勺
- 橄榄油1勺

1 大蒜切片，注意不要切太薄。

2 往烧热的平底锅里倒入橄榄油，放入蒜片中火炒香，再放入鳀鱼、腰果、豌豆翻炒3分钟。

3 倒入低聚糖，快速搅拌，再加入白芝麻炒20秒，关火。

4 冷却后盛入玻璃容器内，密封后放入冰箱冷藏保存，分5次吃完。

part 8

减轻压力的
美味甜点、零食

减肥时还能吃甜点和零食吗？当然！不必一味压抑自己对甜品和零食的渴望，过度地抑制反而容易引起暴饮暴食。选择健康的食材来制作零食，既能缓解饥饿，又能防止发胖。用低聚糖或水果来代替白糖，以蛋白粉代替面粉，不仅能解馋，还能补充人体所需的蛋白质，实现营养均衡。如此一来，无论是面包、糕点、蛋糕，还是果酱、酸奶、干脆面，都能变成美味的健康小吃。尽情选择你最爱的美食吧！

焦糖蛋白棒

早餐 / 午餐 \ 晚餐 / 零食 \ 常备菜

传统焦糖因含大量奶油、黄油和白糖，不适合减重人士食用。我用蛋白粉替代了高糖食材，制作出了这道口感和味道都媲美传统焦糖的焦糖蛋白棒。这款健康零食能够充分补充身体所需的蛋白质，是减脂期的理想选择。

食材 （4～5餐的量）

- ○ 蛋白粉（咸焦糖味）100克
- ○ 燕麦奶（或牛奶、无糖豆奶）60毫升
- ○ 椰子油2勺
- ○ 低聚糖1勺
- ○ 盐少许

1 碗里放入蛋白粉、40毫升燕麦奶、椰子油、低聚糖、盐，搅拌均匀，制成面糊。

2 当面糊变硬时，将剩余的燕麦奶分次加入并搅拌。

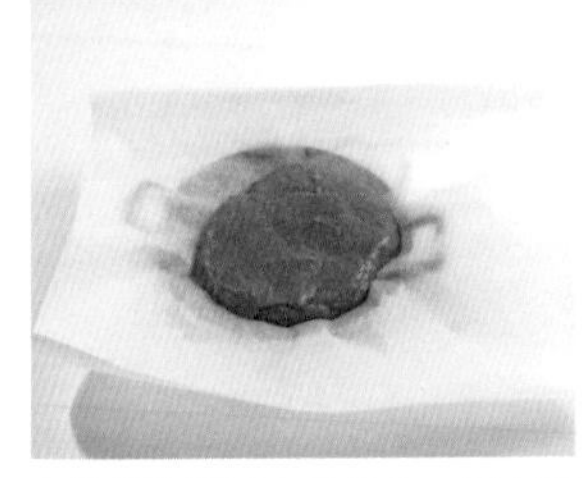

3 将烘焙纸铺在盘子上，倒入面糊，用力压扁，再盖上烘焙纸。

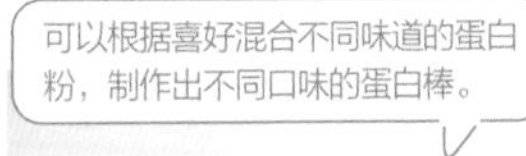

4 放入冰箱冷冻3个小时左右取出，切成小块，用烘焙纸包好。放入冰箱冷冻保存，打开即食。

如果害怕蛋白粉的油腻或腥味，可以尝试各种口味的蛋白粉，如巧克力、咖啡、绿茶、香草、水果味等，能有效掩盖蛋白粉特有的味道，在享受美味的同时补充蛋白质。家中已有的原味蛋白粉，可尝试与其他口味的混合来制作蛋白棒。

希腊酸奶

零食

减脂期间，希腊酸奶非常适合当作零食或作为配料、馅料等食用。市售的希腊酸奶尽管种类丰富，但价格普遍较高。因此，在家自制不失为一个好方法。传统的希腊酸奶制作步骤烦琐，下面这道食谱就完美解决了这个问题，只需简单去除市售无糖酸奶的乳清部分，就能制作出美味健康的希腊酸奶啦。

食材

○ 无糖酸奶1盒（450克/制作完成后约200克）

1 碗里放上过滤网，铺上一层干净的棉布，倒入酸奶。

2 用棉布将酸奶完全盖住，再把重一点儿的碗扣在上面，放入冰箱冷藏12小时。去除乳清。

3 轻轻挤压棉布，除去剩余的乳清，再将酸奶倒入热水消毒过的容器中，放入冰箱冷藏保存，一周内吃完。

减脂期间通常会选择不添加糖的无糖酸奶或无糖低脂酸奶，制作希腊酸奶时同样会用到无糖酸奶。

南瓜红豆沙

早餐 / 零食 \ 常备菜

红豆沙是一道深受人喜爱的美食，但由于传统做法中糖分较高，对于减重者来说负担较重，而且自制红豆沙也耗时费力。下面这道食谱利用南瓜本身的自然甜味代替白糖，同时搭配红豆粉等原料，打造出绵软香甜的低糖红豆沙，做法简单，是一道一经尝试你就会爱上的健康美食。

食材 3~4餐的量

- ○ 南瓜400克（1/4个）
- ○ 红豆粉55克
- ○ 希腊酸奶70克
- ○ 低聚糖3勺

或者将南瓜放入烤盘，倒1/3杯水，用微波炉加热5分钟。

1 将南瓜切成4等份，去子，放入蒸锅蒸15分钟以上，静置冷却。

建议使用专门用来做土豆泥的工具。

2 将南瓜放入碗中，连皮一起捣碎。

或者再加1勺蛋白粉。红豆沙可以搭配全麦面包、全麦饼干一起食用，也可制作多种料理。

3 往南瓜泥里倒入红豆粉、酸奶、低聚糖，充分搅拌后装入玻璃容器内，密封好，放入冰箱冷藏保存，一周内吃完。

黄油豆沙糕

早餐 / 午餐 \ 零食

相信大家都知道，减肥最大的敌人之一就是碳水化合物含量极高的年糕，然而一味回避反而会激发强烈的食欲。想吃年糕时，不妨试试这道黄油豆沙糕吧。我用越南春卷皮再现了年糕的筋道口感，包裹着富含膳食纤维的红豆沙和香味十足的无盐黄油，为味蕾带来满满的幸福感。

食材

- ○ 南瓜红豆沙（参考P222）180克
- ○ 无盐黄油12.5克
- ○ 越南春卷皮2½张
- ○ 红豆粉10克

1 将无盐黄油切成5等份，春卷皮分成两半。

建议按照卷紫菜包饭的步骤，在2/3处将春卷皮左右两边对折卷起来即可。

2 将春卷皮用温水浸湿，在碗里铺平，放上1/5的南瓜红豆沙和1块黄油，像卷春卷一样卷起来，依次制作5个黄油豆沙糕。

3 均匀裹上红豆粉即可。

奶酪红薯条

早餐 / 午餐 / 零食 / 空气炸锅料理

奶酪条外皮松脆、内里柔软，充满奶酪的香味。虽然它口感绝佳，但热量高，不利于健康和减重。在这道料理中，我用煮熟的红薯代替面粉作为包裹奶酪的外壳，然后借助空气炸锅进行无油烘焙。这样制作出的奶酪红薯条不但香甜浓郁，而且热量低，别有一番风味。

食材

- ○ 红薯1个（150克）
- ○ 奶酪条2个
- ○ 越南春卷皮4张
- ○ 椰子油（或橄榄油）1/2勺
- ○ 欧芹粉少许

1 将红薯放入蒸锅中蒸15分钟以上，冷却后去皮，用叉子捣碎。

2 奶酪条对半切开。

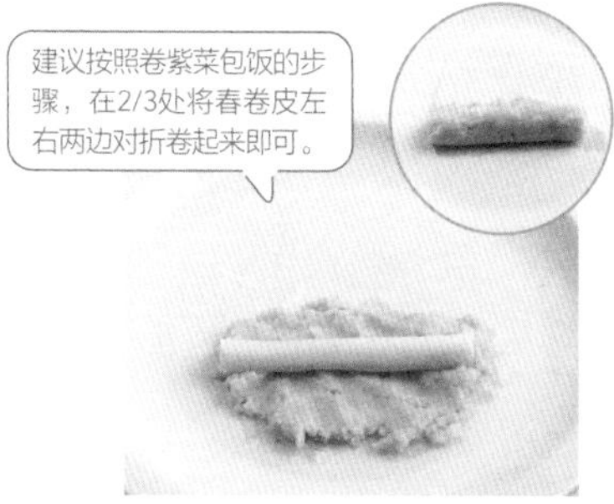

3 将春卷皮用温水浸湿，在碗里铺平，放入1/4红薯泥和奶酪条，像卷春卷一样卷起来，制作4个奶酪红薯条。

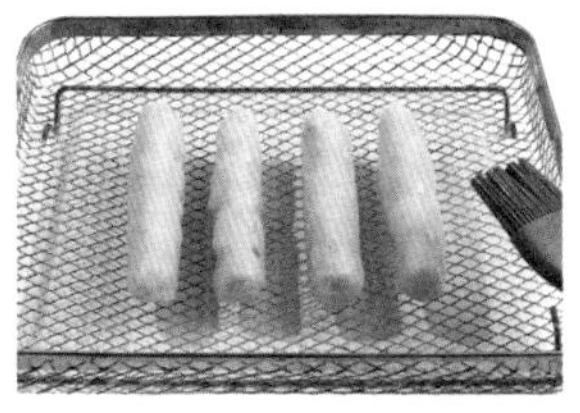

4 在红薯条上均匀涂抹椰子油，放在烤网中，空气炸锅180℃烘烤10分钟，翻面再烤5分钟。

5 装盘，撒上欧芹粉即可。

巧克力黑森林面包

早餐 / 午餐 \ 零食

甜蜜巧克力和醇苦抹茶的结合，就像完美的味觉交响曲。巧克力黑森林这一独特口味是受到热烈追捧的经典之作，然而对于正在减重的朋友来说，富含蛋白质的抹茶奶油和低卡巧克力酱无疑是更好的选择，这样既能体验到抹茶与巧克力交融的美妙滋味，又能在享受甜品的同时兼顾减重计划。

食材

- ○ 全麦面包1片
- ○ 蛋白粉（抹茶拿铁味）3勺
- ○ 抹茶粉1/2勺
- ○ 燕麦奶（咖啡味，或牛奶、无糖豆奶）3勺
- ○ 希腊酸奶2½勺
- ○ 低卡冰激凌（巧克力味）1勺
- ○ 高蛋白巧克力酱1/3勺
- ○ 开心果7个
- ○ 杏仁4个

建议使用制作咖啡的燕麦奶。

1 碗里放入蛋白粉、抹茶粉和燕麦奶搅拌，再加入酸奶搅匀，充分混合，制成抹茶奶油。

2 在干燥的平底锅中放入面包，烤至两面金黄。

3 面包上涂抹抹茶奶油，再放上开心果和杏仁。

可以用一次性手套代替裱花袋，将高蛋白巧克力酱装在手指部分，末端剪一个小口即可。

4 把冰激凌放在面包中间，用裱花袋挤上高蛋白巧克力酱。可放薄荷叶装饰。

高蛋白巧克力酱

推荐使用高蛋白、低糖的巧克力酱，但也要适量使用。也可以将自己喜欢口味的蛋白粉与牛奶或植物性饮料混合搅拌，制成奶油来代替高蛋白巧克力酱。

低卡冰激凌

低卡冰激凌是用甜味剂代替白糖，以此降低糖、脂肪、热量的产品，适合减重者在控制热量摄入时偶尔享用。相较于普通冰激凌，低卡冰激凌的热量低，不会造成太大负担，但过量食用可能引发腹痛或腹泻等问题。此外，如果过于频繁食用，可能会加重对甜食的渴望，不利于培养健康的饮食习惯。

全麦鸡蛋糕

早餐 / 午餐 \ 晚餐 / 零食 \ 常备菜 **微波炉料理**

街头流行的小吃鸡蛋糕，只需一块就会让人感到满足。这道料理中，我用健康的食材将其改良成了减脂美食——用富含膳食纤维的全麦饼干代替面团，再把所有食材放入纸杯中，用微波炉加热一下就大功告成了，真是简单又美味！

食材 3餐的量

- ○ 鸡蛋3个
- ○ 全麦饼干9块（54克）
- ○ 燕麦奶（或牛奶、无糖豆奶）1/2杯（100毫升）
- ○ 有机玉米罐头3勺
- ○ 鳕鱼子酱（或全素蛋黄酱、是拉差辣酱）2/3勺
- ○ 马苏里拉奶酪40克
- ○ 欧芹粉少许

1 全麦饼干用燕麦奶浸泡5分钟。

或用硅胶材质的容器或烤盘代替纸杯。

2 分别往每个纸杯里放入3块浸泡好的全麦饼干，摆放时尽量填满底部和杯壁。

建议用叉子扎几下蛋黄，以免加热时爆裂。

3 纸杯里各放入1/2勺玉米，少许鳕鱼子酱，再各打入1个鸡蛋。

4 依次在每个鸡蛋上放1/2勺玉米、少许鳕鱼子酱，撒马苏里拉奶酪。

可以用全素蛋黄酱、是拉差辣酱、番茄酱、罗勒酱等多种酱料代替鳕鱼子酱。

5 将纸杯放入微波炉中加热2分30秒，静置片刻后再加热2分30秒。

6 取出纸杯，冷却片刻，用剪刀剪开纸杯，取出鸡蛋糕，撒上欧芹粉即可。建议2块作正餐，1块作零食。

木斯里蛋白棒

早餐 / 午餐 \ 晚餐 / 零食

用包含谷物、种子和干果的木斯里来制作一款营养丰富的木斯里蛋白棒吧。以优质碳水木斯里作为基础，将富含蛋白质的蛋白粉融入其中，再加入低聚糖，置于模具中按压定形，冷却后即可完成。这样制作而成的木斯里蛋白棒不仅比市面上的能量棒更健康、美味，而且还非常便携，尤其适合作为忙碌早晨的快手早餐，为你的一整天注入满满活力。

食材 （4~5餐的量）

- ○ 木斯里150克
- ○ 杏仁1把（26克）
- ○ 低聚糖4勺
- ○ 蛋白粉2勺

1 平底锅开小火烧热，放入木斯里、杏仁、低聚糖，搅拌翻炒。

2 当木斯里炒至黏稠时，撒上蛋白粉迅速搅拌。

越用力按压，木斯里成形后就越不容易碎，这样方便切块。

3 模具里铺上烘焙纸，倒入木斯里，用力按压，捏紧压实。

4 放入冰箱冷藏3个小时左右，再分成小份冷藏保存，分四五次吃完。

薄巧蛋白拿铁

早餐／午餐

如果你渴望享用一杯提振精神的甜美薄巧拿铁，那么不妨尝试自制一款更为健康的薄巧蛋白拿铁。采用富含优质蛋白和低聚糖的蛋白粉，即便不额外添加糖分，也能调配出口感香甜的拿铁。不仅如此，你还可以使用不同口味的蛋白粉，制作出各种风味的蛋白拿铁。

食材

- ○ 浓缩咖啡（或加浓美式）60~80毫升
- ○ 蛋白粉（薄荷巧克力味）35克
- ○ 燕麦奶（或牛奶、无糖豆奶）1½杯（300毫升）

1 往浓缩咖啡里加入蛋白粉并搅拌均匀。

2 倒入燕麦奶搅拌均匀即可。

蛋白粉可以选择自己喜欢的口味，快来动手制作你喜欢的蛋白拿铁吧。

无糖草莓酱

若担心市售的草莓酱不利于体重管理，就自己动手吧。自制无糖草莓酱不仅简单，而且可以确保食材干净和口感清新甜美。自制的健康无糖草莓酱不仅可以搭配各类食物，还能批量制作，当作赠送亲朋好友的特色礼物。

食材 4～5顿的量

○ 草莓250克（或冷冻草莓）

○ 低聚糖3勺

○ 柠檬汁1勺

过程中要不时撇去浮沫。

1 草莓去蒂、洗净，用叉子捣碎。

2 将捣碎的草莓、低聚糖放入锅中，中火煮10分钟，搅拌让水分逐渐蒸发。

3 煮至果酱发黏变稠时加入柠檬汁，迅速搅拌后关火。

4 将果酱装入用热水消毒过的玻璃容器中，密封后放入冰箱冷藏保存，10天内吃完即可。

康普茶

零食

备受推崇的发酵饮品康普茶不但可以维护肠道健康，还富含抗氧化物质，有助于净化体内环境、排出毒素。市售康普茶的价格偏高，因此我带来了这道家庭自制配方，只需购买好制作所需的原料，便能循环利用，制作出无限量的康普茶。尤其在炎炎夏日，自制康普茶可作为碳酸饮料或酒精饮品的健康替代品，清爽解渴，滋养身心。

食材 10杯的量

- ○ 红茶包（或绿茶包）5个
- ○ 有机非精制糖200克
- ○ 热水500毫升
- ○ 凉水1升
- ○ 康普茶原液200毫升
- ○ 康普茶菌种1包
- ○ 黄金奇异果1个（80克）
- ○ 菠萝60克
- ○ 冷冻百香果2个（果肉部分45克）

1 往用热水消毒过的2升玻璃容器里放入红茶包和热水，浸泡15分钟。

2 取出红茶包，加糖，用塑料勺搅拌，使糖充分溶解。

3 倒入凉水、康普茶原液和菌种，搅拌均匀。

4 用棉布盖上容器，再用橡皮筋封口，在阴凉处室温下静置发酵7～10天。

5 发酵时如果有酸味，就停止发酵；如果有甜味，就再发酵一两天。

6 准备第二次发酵。先将奇异果、菠萝、百香果切成小块。

7 将第一次发酵完成的康普茶平均倒入3个用热水消毒过的窄口可密封玻璃容器中，再分别加入切好的水果。

8 在阴凉处室温下发酵2天，再放入冰箱冷藏保存，2周内每天喝一两杯即可。

南瓜酸奶蛋糕

早餐 / 午餐 \ 零食

若你钟爱奶酪蛋糕所带来的醇厚口感，又被南瓜的甜香深深吸引，这款南瓜酸奶蛋糕绝对是你的不二之选。它的制作方法简单，风味十足，足以满足你对甜点的渴望。这是一款无须烘烤的冻蛋糕，只需将食材混合后冷冻凝固即可完成，强烈建议你亲手制作。

食材 2～3餐的量

- 南瓜170克
- 木斯里30克
- 希腊酸奶120克
- 洋槐蜂蜜10克（或低聚糖1勺）
- 低聚果糖1勺

1 南瓜切成4等份，去子，放入蒸锅中蒸10分钟以上，冷却后捣碎。

2 往南瓜里放入木斯里、酸奶、蜂蜜、低聚果糖，搅拌均匀，制成面团。

3 在碗里铺上烘焙纸，放入面团，将表面铺平，再用烘焙纸包起来。

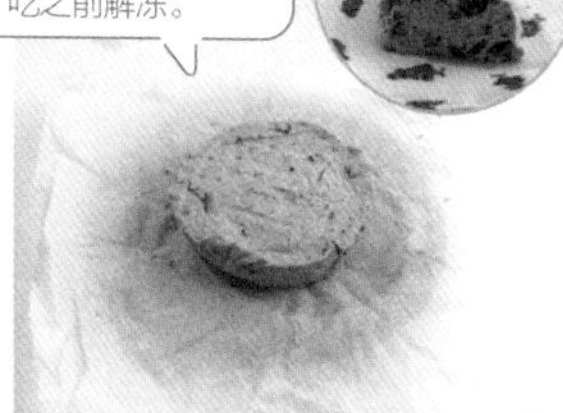

4 放入冰箱冷冻1小时30分左右，自然解冻后分成两三份，作为零食吃完。

免烤蛋白布朗尼蛋糕

早餐 / 晚餐 \ 零食

现在为你隆重介绍这款简单易做、好吃健康的“三无”甜点（无烘烤、无面粉、无糖），仅需一块便可消除饥饿、补充营养、增添活力。我用蛋白粉代替传统面粉，利用香蕉的天然甜味替代白糖。将这些食材与其他材料混合均匀，然后冷冻定形，一款口感筋道、香浓可口的布朗尼蛋糕就大功告成了。

食材 4餐的量

- ○ 蛋白粉（巧克力味）70克
- ○ 杏仁粉70克
- ○ 可可粉25克
- ○ 有机肉桂粉1/3勺
- ○ 喜马拉雅玫瑰盐（或盐）少许
- ○ 香蕉1个
- ○ 希腊酸奶100克
- ○ 杏仁片100克

1 用叉子把香蕉捣碎，加入酸奶搅拌均匀，制成香蕉奶油。

2 碗里加入蛋白粉、杏仁粉、可可粉、肉桂粉、玫瑰盐搅拌均匀，再加入香蕉奶油搅拌，制成面团。

3 将食品级牛皮纸铺在模具上，倒入面团，用手按压至表面平整。

4 在蛋糕表面撒上杏仁片，按压固定，放入冰箱冷冻凝固3小时左右。

5 取出蛋糕，自然解冻10分钟以上，分4次吃完。

酸奶蒜香酱

对于平时喜欢用奶油奶酪搭配面包或其他料理的减重者来说，可能会时常怀念那份独特的风味。富含蛋白质和乳酸菌的希腊酸奶完全可以代替高热量的奶油奶酪，只需将希腊酸奶、大蒜和低聚糖拌匀，就能制成一款低脂、健康的涂抹酱，不论是搭配面包或是饼干，都能尝到近似奶油奶酪的美妙滋味。

食材 2～3餐的量

○ 希腊酸奶200克

○ 大蒜10瓣（32克）

○ 低聚糖3勺

○ 欧芹粉1/3勺

1 大蒜切碎。

2 平底锅开小火烧热，放入蒜碎、低聚糖翻炒熟，制成蒜酱，盛出冷却。

3 碗里放入酸奶、蒜酱、欧芹粉，搅拌均匀。

建议搭配全麦面包、全麦饼干。

4 装入用热水消毒过的密封罐中，放入冰箱冷藏保存，四五天内吃完即可。

红薯年糕球

早餐 / 午餐 / 晚餐 / 零食

这款兼具弹性口感与甜蜜滋味的年糕甜点，竟然能成为减重菜单上的佳选。这道料理采用红薯、嫩豆腐、蛋白粉及坚果等优质碳水化合物和优质蛋白质，取代了糯米，对身体健康大有裨益。年糕成形后将其放入香气四溢的炒熟豆粉中轻轻翻滚，在家中便可轻松制作出比市面上售卖的更胜一筹的美味年糕。

食材 2~3餐的量

- ○ 红薯255克
- ○ 杏仁2把（50克）
- ○ 嫩豆腐1包（125克）
- ○ 蛋白粉（黄金糖浆味）30克
- ○ 炒熟豆粉30克+20克（裹粉用）
- ○ 椰子油（或橄榄油）1勺

1 将红薯放入蒸锅中蒸15分钟以上，冷却后去皮、捣碎。

2 杏仁用刀背压碎。

3 碗里放入红薯泥、杏仁碎、嫩豆腐、蛋白粉、30克炒熟豆粉搅拌均匀。

4 在手上涂抹椰子油，取适量面团揉成圆球，再放入炒熟豆粉中，均匀裹上豆粉即可。

豆腐干脆面

早餐 晚餐 零食 **空气炸锅料理**

从今天起，干脆面也能成为理想的减重美食啦。这道豆腐干脆面摒弃了传统的油炸面饼，选用高蛋白的豆腐丝作为主料，经过空气炸锅的烘烤，豆腐丝变得酥脆可口。此外，我还特别设计了美味健康的香辣调料替代了盐分高的传统料包。如此一来，这款豆腐干脆面既有让人回味无穷的香辣味道，又有清脆可口的质地，丝毫不亚于市售的干脆面。

食材 2餐的量

○ 豆腐丝1包（100克）

酱汁

○ 咖喱粉1/3勺
○ 辣椒粉1/2勺
○ 蒜泥1/2勺
○ 番茄沙司1勺
○ 低聚糖1勺
○ 水3勺

1 将豆腐丝洗净、沥干，用厨房纸巾仔细擦干表面水分。

2 在烤网上将豆腐丝均匀铺开，用空气炸锅180℃加热5分钟，翻面后再加热5分钟。

3 在碗中放入酱汁材料并搅拌均匀。

4 小火加热平底锅，将豆腐丝分批放入锅中，均匀淋上酱汁，像拌面一样将豆腐丝和酱汁拌匀。

5 盛出豆腐丝，冷却后放入冰箱冷藏保存，分2次吃完。

全麦面包干

早餐 / 午餐 / 零食 / 空气炸锅料理

当你制作料理时，总会剩下一些全麦面包边。别犹豫了！快用它们做一份健康美味的全麦面包干吧。选用对身体有益的椰子油与非精制糖调味，让你在品尝美味的同时，尽享无负罪感的美食体验。最后撒上肉桂粉，又能为其增添一抹别样风味。

食材 2~3餐的量

- 全麦面包边110克
- 有机非精制糖1½勺
- 椰子油（或橄榄油）6勺
- 喜马拉雅玫瑰盐（或盐）少许
- 肉桂粉1/3勺

1 把面包边切成略长的条。

抓住碗边，从下往上像画小圆圈一样慢慢晃动即可。

2 把面包条放入碗中，均匀倒入1勺糖和3勺椰子油，摇晃碗让食材拌匀。

3 再加入1/2勺糖、3勺椰子油、少许玫瑰盐，搅拌均匀。

4 烤网上铺烘焙纸，把面包条均匀地铺在上面，用空气炸锅170℃烘烤5分钟，翻面后再烤5分钟。

5 撒上肉桂粉搅拌均匀，冷却后装入玻璃容器内，密封后放入冰箱中冷藏保存，分两三次吃完。

索引

料理种类

小菜

甜点

蘸酱、酸奶

饮品

早餐

午餐

晚餐

零食

常备菜

平底锅料理

凉拌

微波炉料理

空气炸锅料理

食材

图书在版编目（CIP）数据

不挨饿快速瘦的减脂餐 /（韩）朴祉禹著；徐俊，王松译. -- 北京：中国轻工业出版社，2024.10.

ISBN 978-7-5184-4767-1

I. TS972.161

中国国家版本馆CIP数据核字第2024WK6337号

责任编辑：胡　佳　　责任终审：高惠京

设计制作：梧桐影　　责任校对：晋　洁　　责任监印：张京华

出版发行：中国轻工业出版社（北京鲁谷东街 5 号，邮编：100040）

印　　刷：北京博海升彩色印刷有限公司

经　　销：各地新华书店

版　　次：2024年10月第1版第1次印刷

开　　本：880×1230　1/32　印张：8

字　　数：250千字

书　　号：ISBN 978-7-5184-4767-1　定价：59.80元

邮购电话：010-85119873

发行电话：010-85119832　　010-85119912

网　　址：http://www.chlip.com.cn

Email: club@chlip.com.cn

230268S1X101ZYW